◉ 電気・電子工学ライブラリ ◉
UKE-A3

電気回路

大橋俊介

数理工学社

編者のことば

　電気磁気学を基礎とする電気電子工学は，環境・エネルギーや通信情報分野など社会のインフラを構築し社会システムの高機能化を進める重要な基盤技術の一つである．また，日々伝えられる再生可能エネルギーや新素材の開発，新しいインターネット通信方式の考案など，今まで電気電子技術が適用できなかった応用分野を開拓し境界領域を拡大し続けて，社会システムの再構築を促進し一般の多くの人々の利用を飛躍的に拡大させている．

　このようにダイナミックに発展を遂げている電気電子技術の基礎的内容を整理して体系化し，科学技術の分野で一般社会に貢献をしたいと思っている多くの大学・高専の学生諸君や若い研究者・技術者に伝えることも科学技術を継続的に発展させるためには必要であると思う．

　本ライブラリは，日々進化し高度化する電気電子技術の基礎となる重要な学術を整理して体系化し，それぞれの分野をより深くさらに学ぶための基本となる内容を精査して取り上げた教科書を集大成したものである．

　本ライブラリ編集の基本方針は，以下のとおりである．
1) 今後の電気電子工学教育のニーズに合った使い易く分かり易い教科書．
2) 最新の知見の流れを取り入れ，創造性教育などにも配慮した電気電子工学基礎領域全般に亘る斬新な書目群．
3) 内容的には大学・高専の学生と若い研究者・技術者を読者として想定．
4) 例題を出来るだけ多用し読者の理解を助け，実践的な応用力の涵養を促進．

　本ライブラリの書目群は，I 基礎・共通，II 物性・新素材，III 信号処理・通信，IV エネルギー・制御，から構成されている．

　書目群 I の基礎・共通は 9 書目である．電気・電子通信系技術の基礎と共通書目を取り上げた．

　書目群 II の物性・新素材は 7 書目である．この書目群は，誘電体・半導体・磁性体のそれぞれの電気磁気的性質の基礎から説きおこし半導体物性や半導体デバイスを中心に書目を配置している．

　書目群 III の信号処理・通信は 5 書目である．この書目群では信号処理の基本から信号伝送，信号通信ネットワーク，応用分野が拡大する電磁波，および

電気電子工学の医療技術への応用などを取り上げた．

書目群IVのエネルギー・制御は10書目である．電気エネルギーの発生，輸送・伝送，伝達・変換，処理や利用技術とこのシステムの制御などである．

「電気文明の時代」の20世紀に引き続き，今世紀も環境・エネルギーと情報通信分野など社会インフラシステムの再構築と先端技術の開発を支える分野で，社会に貢献し活躍を望む若い方々の座右の書群になることを希望したい．

2011年9月

編者　松瀬貢規　湯本雅恵
　　　西方正司　井家上哲史

「電気・電子工学ライブラリ」書目一覧	
書目群I（基礎・共通）	**書目群III（信号処理・通信）**
1　電気電子基礎数学	1　信号処理の基礎
2　電気磁気学の基礎	2　情報通信工学
3　電気回路	3　無線とネットワークの基礎
4　基礎電気電子計測	4　基礎 電磁波工学
5　応用電気電子計測	5　生体電子工学
6　アナログ電子回路の基礎	**書目群IV（エネルギー・制御）**
7　ディジタル電子回路	1　環境とエネルギー
8　ハードウェア記述言語によるディジタル回路設計の基礎	2　電力発生工学
	3　電力システム工学の基礎
9　コンピュータ工学	4　超電導・応用
書目群II（物性・新素材）	5　基礎制御工学
1　電気電子材料工学	6　システム解析
2　半導体物性	7　電気機器学
3　半導体デバイス	8　パワーエレクトロニクス
4　集積回路工学	9　アクチュエータ工学
5　光工学入門	10　ロボット工学
6　高電界工学	別巻1　演習と応用 電気磁気学
7　電気電子化学	別巻2　演習と応用 電気回路
	別巻3　演習と応用 基礎制御工学

はじめに

　現代社会においては電気は必要不可欠なものとなっており，2011年に発生した東日本大震災に関連する一連の電力問題でその重要性は全国民の実感するものとなった．電気は蛇口をひねれば水が出る水道のごとく，コンセントにプラグを差せば誰でもいつでも手軽に使用することができる．身のまわりのもので電気を使わないで済むものは皆無と言っても過言ではない．
　一方で，その手軽さを実現するためには実に膨大な技術がバックグラウンドとして存在している．しかし，このような技術について電気を使う側はほとんど理解していない．この電気のシステムを維持，発展させていくという観点から電気電子工学に携わる技術者の重要性は非常に高くなっている．
　本書は電気電子工学の基礎となる電気回路の教科書として，回路理論を学ぶにあたって必要かつ重要な事項をまとめた．本文にはなるべく平易な表現を用い，式にはできるだけ詳細な解説を付け，図も多く用いた構成となっている．第1章から5章までは回路に関する最も基本的な事項であり，第6章以降は電気電子工学の専門分野についての基礎となるべき電気回路を発展させた項目が含まれている．これらの事項は電気電子工学者としては必ず理解しておくべき事項であり，しっかりと学び知識を身につけることが必要である．また本文中の例題や章末問題に取り組み，理解を深めて欲しい．
　最後に本書の執筆にあたり，数理工学社担当各位に謝意を表す．

　　2012年7月

大橋　俊介

目　　次

第1章
電気回路の基礎　　1

- 1.1 電気回路とは …………………………………………………… 2
- 1.2 抵　抗　R ……………………………………………………… 3
  - 1.2.1 抵抗素子でのエネルギー …………………………… 3
  - 1.2.2 抵抗の合成 …………………………………………… 4
  - 1.2.3 抵抗の温度特性 ……………………………………… 7
  - 1.2.4 抵抗の表皮効果 ……………………………………… 7
- 1.3 コ　イ　ル ……………………………………………………… 8
  - 1.3.1 コイルでのエネルギー ……………………………… 9
  - 1.3.2 インダクタンスの合成 …………………………… 10
- 1.4 コンデンサ …………………………………………………… 12
  - 1.4.1 コンデンサでのエネルギー ……………………… 13
  - 1.4.2 静電容量の合成 …………………………………… 13
- 1章の問題 …………………………………………………………… 15

第2章
直流抵抗回路　　17

- 2.1 キルヒホフの法則 …………………………………………… 18
  - 2.1.1 キルヒホフの第一法則（電流則） ……………… 18
  - 2.1.2 キルヒホフの第二法則（電圧則） ……………… 19
- 2.2 重ね合わせの理 ……………………………………………… 20
- 2.3 鳳-テブナンの定理 …………………………………………… 22
- 2.4 ブリッジ回路 ………………………………………………… 28
  - 2.4.1 ブリッジ回路の平衡条件 ………………………… 28
  - 2.4.2 ブリッジ回路を用いた抵抗測定法 ……………… 29
- 2章の問題 …………………………………………………………… 31

第 3 章

交流基本回路　33

- 3.1 正弦波交流 … 34
  - 3.1.1 平均値 … 34
  - 3.1.2 実効値 … 35
  - 3.1.3 位相 … 36
- 3.2 正弦波交流のフェーザ表示と複素数表示 … 37
  - 3.2.1 フェーザ表示 … 37
  - 3.2.2 複素数表示 … 38
- 3.3 オイラーの公式 … 40
- 3.4 抵抗回路 … 41
- 3.5 インダクタンス回路 … 43
- 3.6 キャパシタンス回路 … 45
- 3.7 インピーダンスとアドミタンス … 47
- 3.8 直列回路 … 48
  - 3.8.1 R-L 直列回路 … 48
  - 3.8.2 R-C 直列回路 … 49
  - 3.8.3 R-L-C 直列回路 … 50
- 3.9 並列回路 … 53
  - 3.9.1 R-L 並列回路 … 53
  - 3.9.2 R-C 並列回路 … 54
  - 3.9.3 R-L-C 並列回路 … 56
- 3.10 交流回路における基本法則 … 58
  - 3.10.1 キルヒホフの第一法則（電流則） … 58
  - 3.10.2 キルヒホフの第二法則（電圧則） … 59
- 3.11 交流ブリッジ回路 … 60
- 3 章の問題 … 61

目　　次　　vii

第4章
共振回路　　63
- 4.1　直列共振回路 …………………………………………… 64
- 4.2　並列共振回路 …………………………………………… 69
- 4章の問題 ……………………………………………………… 72

第5章
交流電力　　73
- 5.1　有効電力 ………………………………………………… 74
- 5.2　無効電力 ………………………………………………… 75
  - 5.2.1　誘導性負荷のみの回路で消費される電力 ………… 75
  - 5.2.2　容量性負荷のみの回路で消費される電力 ………… 76
- 5.3　力率, 皮相電力 ………………………………………… 77
  - 5.3.1　一般の負荷での電力 ………………………………… 77
- 5章の問題 ……………………………………………………… 81

第6章
過渡現象　　83
- 6.1　$R\text{-}L$ 直列回路の過渡現象 …………………………… 84
- 6.2　$R\text{-}C$ 直列回路の過渡現象 …………………………… 87
- 6.3　$R\text{-}L\text{-}C$ 直列回路の過渡現象 ………………………… 90
- 6.4　コイル, コンデンサに初期値がある場合の過渡現象 …… 96
  - 6.4.1　コイルに初期電流が流れている場合 ……………… 96
  - 6.4.2　コンデンサに初期電荷がある場合 ………………… 97
- 6章の問題 ……………………………………………………… 100

第7章

ラプラス変換とラプラス変換を用いた回路解析　　101

- 7.1 ラプラス変換の定義 ……………………………………… 102
- 7.2 ラプラス変換の性質 ……………………………………… 103
  - 7.2.1 線形性 …………………………………………… 103
  - 7.2.2 相似性 …………………………………………… 103
  - 7.2.3 推移性 …………………………………………… 104
- 7.3 ラプラス変換の微分と積分 ……………………………… 105
  - 7.3.1 導関数のラプラス変換 ………………………… 105
  - 7.3.2 不定積分のラプラス変換 ……………………… 106
- 7.4 基本的な関数のラプラス変換 …………………………… 107
  - 7.4.1 ステップ関数 ($f(t) = u(t)$) ………………… 107
  - 7.4.2 定数の場合 ($f(t) = K$) ……………………… 108
  - 7.4.3 三角関数の場合 ………………………………… 108
  - 7.4.4 $f(t) = t$ ………………………………………… 109
  - 7.4.5 部分分数分解 …………………………………… 109
- 7.5 ラプラス変換を用いた電気回路の解析 ………………… 112
  - 7.5.1 各素子のラプラス変換 ………………………… 112
  - 7.5.2 ラプラス変換を用いた回路解析法 …………… 114
- 7章の問題 ……………………………………………………… 119

第8章

相互誘導回路　　121

- 8.1 相互誘導回路の原理 ……………………………………… 122
- 8.2 相互誘導回路の回路方程式での表現 …………………… 125
- 8.3 相互インダクタンス M と
  自己インダクタンス L_1, L_2 の関係 …………………… 127
- 8.4 相互誘導回路の応用 ……………………………………… 128
- 8章の問題 ……………………………………………………… 130

第 9 章

三 相 交 流　　　　　　　　　　　　　　　131

- 9.1 対称三相交流 ……………………………………………132
  - 9.1.1 三相交流の発生 ……………………………132
  - 9.1.2 対称三相交流のフェーザ表示 ……………133
- 9.2 対称三相交流の接続 …………………………………134
  - 9.2.1 単相から三相結線へ ………………………134
  - 9.2.2 Y 結線と Δ 結線 ……………………………135
- 9.3 相電圧と線間電圧 ……………………………………137
- 9.4 相電流と線電流 ………………………………………139
- 9.5 Y 負荷と Δ 負荷の関係 ………………………………141
- 9.6 対称三相交流の電力 …………………………………143
- 9 章の問題 …………………………………………………145

第 10 章

二端子対回路　　　　　　　　　　　　　　147

- 10.1 一端子対回路と二端子対回路 ……………………148
- 10.2 インピーダンス行列 ………………………………151
- 10.3 アドミタンス行列 …………………………………156
- 10.4 基 本 行 列 …………………………………………161
- 10.5 ハイブリッド行列 …………………………………166
- 10.6 複数回路の接続 ……………………………………168
  - 10.6.1 直 列 接 続 …………………………………168
  - 10.6.2 並 列 接 続 …………………………………170
  - 10.6.3 縦 続 接 続 …………………………………172
- 10.7 各行列の変換 ………………………………………176
  - 10.7.1 Z 行列から Y 行列への変換 ……………176
  - 10.7.2 Z, Y 行列から F 行列への変換 …………176
- 10 章の問題 ………………………………………………178

第 11 章

分布定数回路　179

- 11.1　分布定数回路の考え方 …………………………………… 180
- 11.2　分布定数回路の基本方程式 ……………………………… 181
  - 11.2.1　電圧方程式 ………………………………………… 181
  - 11.2.2　電流方程式 ………………………………………… 182
- 11.3　電信方程式 ………………………………………………… 184
  - 11.3.1　電圧の電信方程式 ………………………………… 184
  - 11.3.2　電流の電信方程式 ………………………………… 184
  - 11.3.3　無損失線路の電信方程式 ………………………… 185
- 11.4　無損失線路の例 …………………………………………… 187
  - 11.4.1　平 行 導 線 ………………………………………… 187
  - 11.4.2　同軸ケーブル ……………………………………… 188
- 11.5　反射と透過 ………………………………………………… 189
- 11.6　完全反射と完全透過 ……………………………………… 191
  - 11.6.1　短 絡 終 端 ………………………………………… 191
  - 11.6.2　開 放 終 端 ………………………………………… 191
  - 11.6.3　整 合 終 端 ………………………………………… 192
- 11 章の問題 ………………………………………………………… 193

問 題 解 答　194

参 考 文 献　207

索　　引　208

電気用図記号について

本書の回路図は，JIS C 0617 の電気用図記号の表記（表中列）にしたがって作成したが，実際の作業現場や論文などでは従来の表記（表右列）を用いる場合も多い．参考までによく使用される記号の対応を以下の表に示す．

*　コンデンサは新旧とも同じ．

	新JIS記号（C 0617）	旧JIS記号（C 0301）
電気抵抗，抵抗器	▭	⋀⋁⋀
スイッチ	／─（─✓─）	─○ ╱○─
インダクタ，コイル	⌒⌒⌒	◠◠◠
電源	─┤├─	─┤├─

本書に出てくる主な電気量の単位

量	SI単位	量	SI単位
有効電力	W（ワット）	インダクタンス	H（ヘンリー）
無効電力	var（バール）	静電容量	F（ファラド）
起電力	V（ボルト）	インピーダンス	Ω（オーム）
電流	A（アンペア）	アドミタンス	S（ジーメンス）

第1章

電気回路の基礎

電気回路とは電気を使って様々な物理現象を実現する基本となるものである．この章では電気回路の構成要素，それぞれの基本要素についての性質を学ぶ．さらに基本的な回路の性質について例をあげて解説する．

1.1 電気回路とは

電気回路とは電気が通る路である．電気回路は**電源**（電気を供給するもの），**配線**（電気が流れる路），そして**負荷**（何らかの物理現象が発生するところ）で構成される．電気は電源を出発し，配線を通り，負荷で物理現象を起こし，電源に戻る．よって，必ず閉じた路（回路）になっている．

電気回路には**直流回路**（電気の流れる方向が一定の場合），**交流回路**（電気の流れる方向が時間とともに変化する場合）に分けられ，その性質は大きく違う．図1.1に直流回路の例を，図1.2に交流回路の例を示す．

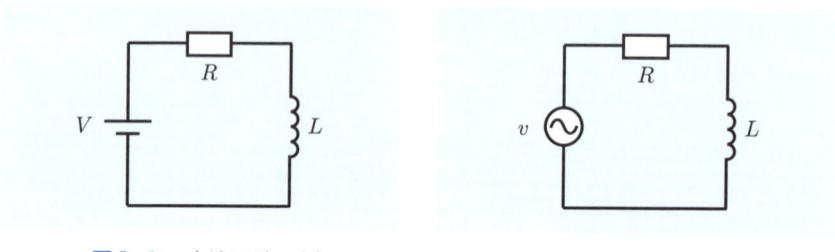

図1.1　直流回路の例　　　　図1.2　交流回路の例

電源

電気を供給する源となるところである．一番身近な直流電源は電池である．交流電源の代表例は家庭などにあるコンセントである．ただし，コンセントは途中で多くの設備を通してはいるが，火力，原子力，水力などの発電所とつながっている．

配線

銅などの抵抗が非常に低いもので構成された電気の流れる線．理論計算ではこの部分での抵抗はゼロとして扱われることが多いが，実際は抵抗があるので注意が必要である．

負荷

電気を流すことによって物理現象が起こる．具体的には**抵抗**，**コイル**，**コンデンサ**の3つの素子が単独，もしくは複数の組合せで接続されている．

電気回路の負荷としては抵抗，コイル，コンデンサの3つの素子が用いられる．以下，それぞれについて説明する．

1.2 抵抗 R

抵抗(単位はオーム:Ω)とは電気の流れを妨げるものである.そして,電気の流れを妨げることによって,**ジュール熱**が発生する.図1.3のような円柱形の抵抗の場合,抵抗の大きさ R [Ω] は抵抗の断面積 S [m^2] に反比例し,長さ L [m] に比例する.これに抵抗に用いる物質の**抵抗率** ρ [$\Omega \cdot$m] を乗ずることで

$$R = \rho \frac{L}{S} \tag{1.1}$$

で表すことができる.

ここで抵抗率 ρ の逆数 σ を**導電率** [S$\cdot$m^{-1}] とよび(S:ジーメンス,S $= \Omega^{-1}$)

$$\sigma = \frac{1}{\rho} \tag{1.2}$$

と表すことができる.導電率はその物質の電気の流れやすさを表す指標となる.

図1.4に抵抗負荷の場合の回路を示す.ここで電源の電圧を V [V],抵抗の値が R [Ω] とすると,回路に流れる電流 I [A] との関係は**オームの法則**にしたがって

$$V = IR \tag{1.3}$$

となる.

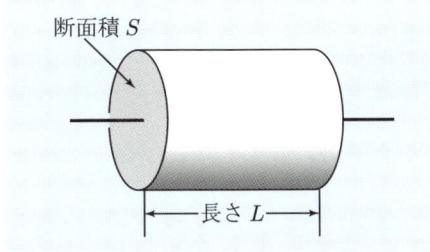

図1.3　抵抗と断面積,長さの関係

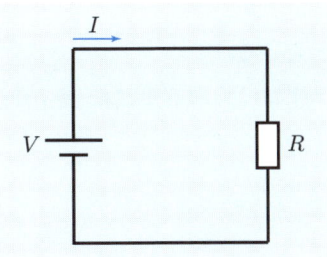

図1.4　抵抗回路

1.2.1 抵抗素子でのエネルギー

抵抗素子で消費されるエネルギーについて考える.図1.4において抵抗 R で消費されるエネルギー P_R は

$$P_R = VI = \frac{V^2}{R} = I^2 R \tag{1.4}$$

ただし，後ろ2つは式 (1.3) のオームの法則を用いて変形している．抵抗での消費エネルギーはすべて熱になる（ジュール熱）．

1.2.2 抵抗の合成

電気回路には一般的に複数の抵抗が接続されている．これをエネルギーの観点から等価的に1つの抵抗として扱うことができる．この等価的な抵抗を求めることを**抵抗の合成**とよぶ．そして合成した抵抗が**合成抵抗**となる．

<u>直列接続された抵抗の合成</u>

抵抗が直列につながっている場合について考える．この回路に流れる電流 I を求める際，回路全体の抵抗値（合成抵抗 R）を求める必要がある．図1.5のように抵抗が R_1 と R_2 の2つの場合，両者に流れる電流 I は等しくなる．よって，式 (1.3) のオームの法則から R_1 に加わる電圧は IR_1，R_2 に加わる電圧は IR_2 となる．つまり，回路全体では

$$\begin{aligned} V &= IR_1 + IR_2 \\ &= I(R_1 + R_2) \end{aligned} \tag{1.5}$$

となる．このように合成抵抗は直列につなぐ抵抗値の和

$$R = R_1 + R_2 \tag{1.6}$$

と表せる．

直列につなぐ抵抗が $R_3, R_4, \cdots$ と増えている場合も同様に

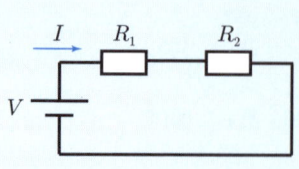

図1.5 抵抗の直列接続

$$R = R_1 + R_2 + R_3 + R_4 + \cdots \tag{1.7}$$

となる．

並列接続された抵抗の合成

次に抵抗が並列につながっている場合について，回路全体の抵抗値（合成抵抗 R）を求める．図1.6のように抵抗 R_1 と R_2 が並列につながっている場合，直列とは違い，今度は両者に加わる電圧 V は等しくなる．式(1.3)のオームの法則から R_1 に流れる電流は $\frac{V}{R_1}$，R_2 に流れる電流は $\frac{V}{R_2}$ となる．よって，回路全体に流れる電流は $\frac{V}{R_1} + \frac{V}{R_2}$ で

$$\begin{aligned} I &= \frac{V}{R_1} + \frac{V}{R_2} \\ &= V\left(\frac{1}{R_1} + \frac{1}{R_2}\right) \end{aligned} \tag{1.8}$$

となる．変形すると

$$V = I \frac{1}{\frac{1}{R_1} + \frac{1}{R_2}} \tag{1.9}$$

つまり合成抵抗 R は

$$\begin{aligned} R &= \frac{1}{\frac{1}{R_1} + \frac{1}{R_2}} \\ &= \frac{R_1 R_2}{R_1 + R_2} \end{aligned} \tag{1.10}$$

書きかえると

$$\frac{1}{R} = \frac{1}{R_1} + \frac{1}{R_2} \tag{1.11}$$

つまり合成抵抗の逆数は並列につなぐ抵抗の逆数の和となる．

並列につなぐ抵抗が $R_3, R_4, \cdots$ と増えている場合も同様に

$$\frac{1}{R} = \frac{1}{R_1} + \frac{1}{R_2} + \frac{1}{R_3} + \frac{1}{R_4} + \cdots \tag{1.12}$$

となる．

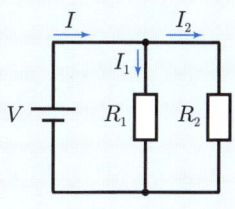

図1.6　抵抗の並列接続

■例題 1.1 ■

図 1.6 の回路で R_1 と R_2 が $3\,\Omega$ の場合の合成抵抗を求めよ．

【解答】 抵抗が $3\,\Omega$ の抵抗を並列接続しているので，並列の合成抵抗の式 (1.11) を用いて

$$\frac{1}{R} = \frac{1}{3} + \frac{1}{3}$$
$$= \frac{2}{3} \tag{1.13}$$

よって逆数をとり，$R = \frac{3}{2}\,[\Omega]$ となる．

このように並列に接続するということは電流が通る路が増えることになるので，合成抵抗は元の抵抗よりも小さくなる． ■

■例題 1.2 ■

図 1.7 の並列接続と直列接続の両方を含んだ回路の合成抵抗を求めよ．

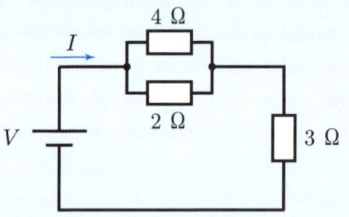

図 1.7　並列接続，直列接続の両方を含んだ回路

【解答】 $4\,\Omega$ と $2\,\Omega$ の抵抗を並列接続し，さらにその先に $3\,\Omega$ の抵抗を直列接続している．この場合はまず並列接続部分の合成抵抗を求めて，直列接続だけの回路にして求める．並列接続部分の合成抵抗は (1.11) より

$$\frac{1}{R_\mathrm{p}} = \frac{1}{4} + \frac{1}{2}$$
$$= \frac{3}{4} \tag{1.14}$$

逆数をとり，$R_\mathrm{p} = \frac{4}{3}\,[\Omega]$．よって，全体の合成抵抗は

$$R = \frac{4}{3} + 3 = \frac{13}{3}\,[\Omega] \tag{1.15}$$

となる． ■

1.2.3 抵抗の温度特性

金属の抵抗は電子と抵抗内の原子の衝突によって引き起こされる．よって，抵抗の温度が上がると原子の振動が活発になり，抵抗内を流れる電子と衝突する確率が上昇し，抵抗が大きくなる．ここで R_0 は基準となる温度 T_0（20℃もしくは0℃）での抵抗値である．また，α は**電気抵抗の温度変化率**であり，抵抗に用いる物質やそのときの温度 t によっても変化する値である．

$$R(t) = R_0\{1 + \alpha(t - T_0)\} \tag{1.16}$$

なお，炭素や絶縁体の場合，温度が上昇すると逆に抵抗値が下がるケースもある．

このように抵抗には温度依存性がある．抵抗では電流を流すとエネルギーが消費されることでジュール熱が発生する．その結果，抵抗の温度が上昇し，さらに抵抗が増加するという状態にもなりうる．回路によっては抵抗値によって回路の特性が大きく変化する場合があるので，発生する熱の放熱に注意が必要である．

1.2.4 抵抗の表皮効果

直流の場合，電気抵抗は式 (1.1) で表すことができる．しかし，交流の場合，電磁誘導の効果によって，電流が抵抗の内部まで流れることができなくなる．周波数が上がるほど電流が流れることのできる部分が抵抗の外側に押し出されることになる．これを**表皮効果**とよぶ．この効果により等価的に式 (1.1) の断面積が減ることになる．その結果，電流の周波数が上がると抵抗値が上昇する．その効果は周波数が高いほど大きいので，高周波を扱う回路においては表皮効果による抵抗の変化に十分な注意が必要である．

1.3 コイル

コイルは図1.8のように導線をらせん状に巻いてできるものである．このコイルに電流を流すことにより磁束が発生する．発生する磁束 ϕ の大きさはコイルに流す電流 I とコイルの巻数 N に比例し，比例定数 k を用いて

$$\phi = kNI \tag{1.17}$$

となる．

一方，図1.9のようにコイルに外部から磁束 ϕ が進入してくると，コイルの両端にはその磁束変化 $d\phi$ に応じた**誘導起電力 e** が発生する．

$$e = -N\frac{d\phi}{dt} \tag{1.18}$$

ここで式 (1.18) の右辺のマイナス符号は誘導起電力の向きを示している．これは進入する磁束と反対向きの磁束をコイルに発生させるように電流が流れ，電圧が発生することを意味している．

いま，あるコイルに電流 I を流す．するとコイルに電流が流れるが，同時にそのコイルに磁束が発生するため，その磁束を妨げる方向に誘導起電力が

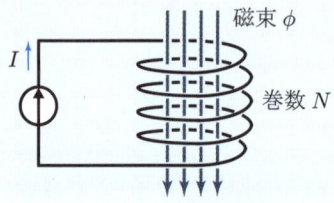

図1.8　コイルと発生磁束

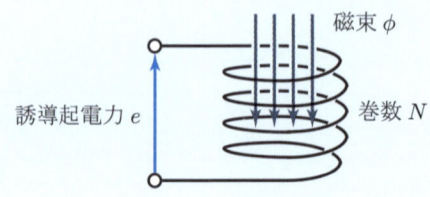

図1.9　誘導起電力 e の発生

発生する．つまりコイル自身に流れる電流による磁束をそのコイルが妨げるように誘導起電力が発生することになり，これを**自己誘導現象**とよぶ．よって，式 (1.17) により発生する磁束を式 (1.18) に代入すると

$$e = -N\frac{d\phi}{dt} = -N\frac{dkNI}{dt} = -kN^2\frac{dI}{dt} \tag{1.19}$$

となる．ここで

$$L = kN^2 \tag{1.20}$$

とし，L は**自己インダクタンス**（単位はヘンリー：H）と定義される．回路においては**インダクタンス**とよばれる．

自己誘導現象により，コイルに流れる電流変化に比例した電圧が発生する．コイルに発生する電圧 V はインダクタンス L と回路に流れる電流 I の変化によって次式で表せる．

$$V = L\frac{dI}{dt} \tag{1.21}$$

1.3.1 コイルでのエネルギー

図1.10のようにインダクタンス L のコイルに電源電圧 V を接続する．流れる電流は i とする．時刻 $t = 0$ において電圧 V を加えるとコイルに流れる電流 i は 0 から増加していく．そしてある時刻 T において電流が I になるとし，そのときにコイルに蓄えられているエネルギー P_L を求める．

P_L は

$$P_L = \int_0^T V i \, dt \tag{1.22}$$

式 (1.21) の電圧と電流の関係を代入すると

$$P_L = \int_0^T L\frac{di}{dt} i \, dt \tag{1.23}$$

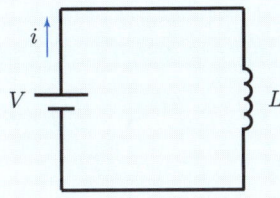

図1.10　コイルを接続した回路

ここで分母と分子の dt は相殺され，$t:0 \to T$ において $i:0 \to I$ であるので

$$\begin{aligned} P_L &= L\int_0^I i\,di \\ &= \tfrac{1}{2}LI^2 \end{aligned} \tag{1.24}$$

となる．

1.3.2 インダクタンスの合成

回路中に複数のコイルがある場合にそれらのインダクタンスを合成することを考える．

<u>直列コイルのインダクタンスの合成</u>

インダクタンス L_1 および L_2 のコイルを直列に接続する．この場合，各コイルに流れる電流は回路に流れる電流 I と同じになる．よって，それぞれのコイルに加わる電圧は $L_1\frac{dI}{dt}, L_2\frac{dI}{dt}$ となるので

$$\begin{aligned} V &= L_1\frac{dI}{dt} + L_2\frac{dI}{dt} \\ &= (L_1 + L_2)\frac{dI}{dt} \end{aligned} \tag{1.25}$$

となり，合成インダクタンス L は直列につなぐコイルのインダクタンスの和

$$L = L_1 + L_2 \tag{1.26}$$

と表すことができる．

直列に接続するコイルが $L_3, L_4, \cdots$ と増えている場合も同様に

$$L = L_1 + L_2 + L_3 + L_4 + \cdots \tag{1.27}$$

となる．

<u>並列コイルのインダクタンスの合成</u>

インダクタンスが L_1 および L_2 のコイルを並列に接続する．両方のコイルに加わる電圧が等しく，それぞれのコイルに流れる電流は $\frac{1}{L_1}\int V dt, \frac{1}{L_2}\int V dt$ となる．よって回路全体に流れる電流 I は次式で表される．

$$\begin{aligned} I &= \tfrac{1}{L_1}\int V dt + \tfrac{1}{L_2}\int V dt \\ &= \left(\tfrac{1}{L_1} + \tfrac{1}{L_2}\right)\int V dt \end{aligned} \tag{1.28}$$

両辺を時間微分し，変形すると

$$V = \frac{1}{\frac{1}{L_1} + \frac{1}{L_2}} \frac{dI}{dt} \tag{1.29}$$

つまり合成インダクタンス L は

$$L = \frac{1}{\frac{1}{L_1} + \frac{1}{L_2}} \tag{1.30}$$

書きかえると

$$\frac{1}{L} = \frac{1}{L_1} + \frac{1}{L_2} \tag{1.31}$$

つまり合成インダクタンスの逆数は並列に接続するコイルのインダクタンスの逆数の和となる．

並列に接続するコイルが $L_3, L_4, \cdots$ と増えている場合も同様に

$$\frac{1}{L} = \frac{1}{L_1} + \frac{1}{L_2} + \frac{1}{L_3} + \frac{1}{L_4} + \cdots \tag{1.32}$$

となる．

■ 例題1.3 ■

いま，2 mH と 5 mH のコイルがある．このコイルを直列に接続した場合，また並列に接続した場合の合成インダクタンスを求めよ．

【解答】 直列接続した場合の合成インダクタンスはそれぞれのコイルのインダクタンスの和となるので

$$L = 2 + 5$$
$$= 7\,[\mathrm{mH}]$$

となる．

並列接続した場合では合成インダクタンスの逆数はそれぞれのコイルのインダクタンスの逆数の和となるので

$$\frac{1}{L} = \frac{1}{2} + \frac{1}{5}$$
$$= \frac{7}{10} \tag{1.33}$$

よって，$L = \frac{10}{7}\,[\mathrm{mH}]$ となる．

1.4 コンデンサ

コンデンサは電極に電圧を加えることで,電極に電荷が蓄えられる素子である.例えば図1.11のような平行な平板電極に電圧 V を加える.このとき,電極には $+Q$ と $-Q$ の電荷が蓄えられる.電荷 Q は電圧 V に比例するので

$$Q = CV \tag{1.34}$$

と書くことができる.ここでこの比例定数 C は**キャパシタンス**(単位はファラッド:F),もしくは**静電容量**とよばれる.

ここでキャパシタンスの大きさは電極形状および電極の間にある物質の**誘電率** ε とよばれる物理定数によって決まる.いま,電極の表面積を $S\,[\mathrm{m}^2]$,電極間の距離を $d\,[\mathrm{m}]$ とすると,キャパシタンス C は

$$C = \frac{\varepsilon S}{d} \tag{1.35}$$

となる.つまり,電極の表面積に比例し,距離に反比例する.ただし,電極の表面積を大きくすると素子が大きくなる.また,電極の距離を小さくすると,電極間の電界強度 $E = \frac{V}{d}$ が大きくなり,絶縁破壊が起きてしまう.よって,大容量のコンデンサを作ることが困難であったが,電気二重層コンデンサの登場により,コンデンサのキャパシタンスが飛躍的に大きくなった.

電流 I は電荷 Q が移動することにより発生する.よって

$$I = \frac{dQ}{dt} \tag{1.36}$$

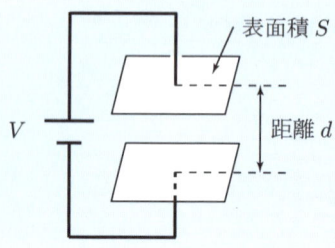

図1.11 キャパシタンス

つまり Q は電流 I を積分した結果となるので

$$Q = \int I dt \tag{1.37}$$

したがって，電圧 V と電流 I の関係は式 (1.34), (1.37) より

$$V = \frac{Q}{C} = \frac{1}{C}\int I dt \tag{1.38}$$

1.4.1 コンデンサでのエネルギー

図 1.12 のようにキャパシタンス C のコンデンサに電流源 I を接続する．電圧 v を加えるとコンデンサに電流が流れ込み，電圧が上昇する．時刻 $t=0$ において電圧 v は 0 で時間とともに増加していく．そして時刻 T において V になるとし，そのときにコイルに蓄えられているエネルギー P_C を求める．P_C は電荷 Q を電圧 $v=0$ から V まで運ぶことによる仕事であるので

$$P_C = \int_0^V Q dv \tag{1.39}$$

電圧と電荷の関係 $Q = CV$ を代入すると次式のようになる．

$$P_C = \int_0^V Cv dv = \frac{1}{2}CV^2 \tag{1.40}$$

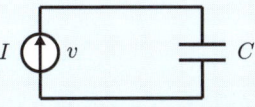

図 1.12 コンデンサを接続した回路

1.4.2 静電容量の合成

回路中に複数のコンデンサがある場合に回路全体のキャパシタンスを合成することを考える．

コンデンサ C_1 および C_2 を直列に接続する．この場合，各コンデンサに流れる電流は回路に流れる電流 I と同じになる．よって，各コンデンサに加わる電圧は式 (1.38) より $\frac{1}{C_1}\int I dt, \frac{1}{C_2}\int I dt$ となるので

$$V = \frac{1}{C_1}\int I dt + \frac{1}{C_2}\int I dt = \left(\frac{1}{C_1} + \frac{1}{C_2}\right)\int I dt \tag{1.41}$$

よって，合成キャパシタンス C は式 (1.38) と比較すると

$$C = \frac{1}{\frac{1}{C_1} + \frac{1}{C_2}} \tag{1.42}$$

書きかえると

$$\frac{1}{C} = \frac{1}{C_1} + \frac{1}{C_2} \tag{1.43}$$

つまり合成キャパシタンスの逆数は直列に接続する各コンデンサのキャパシタンスの逆数の和となる．

直列に接続するコンデンサが $C_3, C_4, \cdots$ と増える場合も同様に求まる．

$$\frac{1}{C} = \frac{1}{C_1} + \frac{1}{C_2} + \frac{1}{C_3} + \frac{1}{C_4} + \cdots \tag{1.44}$$

■ **例題 1.4** ■

コンデンサを並列接続した場合の合成キャパシタンスは

$$C = C_1 + C_2 + C_3 + C_4 + \cdots \tag{1.45}$$

つまり，並列に接続するキャパシタンスの和になる．このことを示せ．

【解答】 省略（コイルの直列接続と同様の考え方で示すことができる）．■

● **超電導** ●

物質中を電気が流れる際，電気抵抗がゼロになる現象を **超電導** とよび，この現象を用いて様々な電気機器が作られている．最も多いのは電磁石としての応用である．

電磁石はコイルに電流を流すことで発生する磁束を利用するが，非常に強い電磁石を作る場合，非常に大きな電流を流す必要がある．しかし，電流を大きくすると，抵抗を小さくするためにコイルの断面積を大きくしなければならない．通常の導線では抵抗が小さいながらも存在するので，流せる電流に限界がある．そこで，超電導線を用いてコイルを作り，非常に大きな電流を流して高磁界を実現する．この超電導磁石を用いることで，医療検査機器である MRI（磁気共鳴画像装置），リニアモーターカー（超電導磁気浮上式鉄道）などが実現されている．

注意 超電導といえど無限に電流を流せるわけではなく，流せる電流に限界がある．また使用する際，現状では非常に低い温度まで下げる必要がある．

1章の問題

☐ **1.1** 次の回路の合成抵抗を求めよ．
(1) 図1
(2) 図2

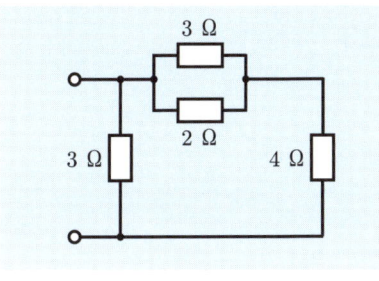

図1

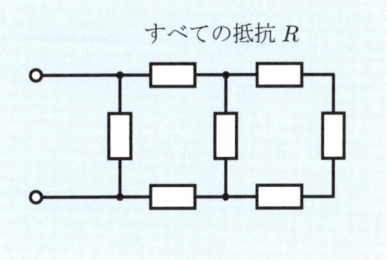

図2

☐ **1.2** いま断面積 S が一様で長さが L の抵抗がある．断面積を4倍にし，長さを2倍にした場合，元の抵抗値の何倍になるか求めよ．

☐ **1.3** 図3のような表面積 S，電極間距離 d の平行平板電極がある．この電極のキャパシタンスを表面積のみ，もしくは電極間距離のみを変えて4倍にする方法を示せ．

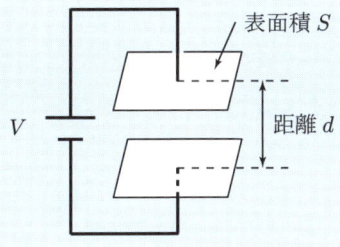

図3

☐ **1.4** 図4の回路の合成インダクタンスを求めよ．

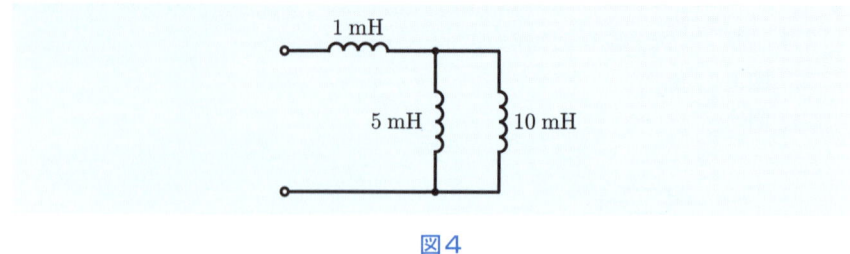

図4

☐ **1.5** 図5の回路の合成キャパシタンスを求めよ．

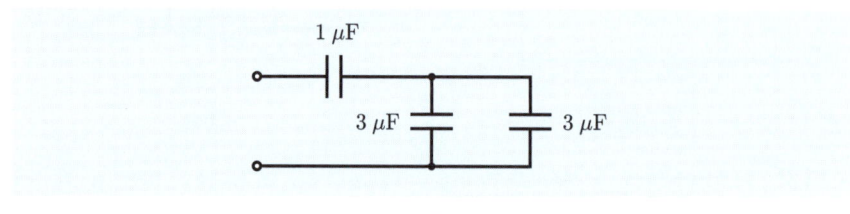

図5

☐ **1.6** インダクタンス $L = 7\,[\text{mH}]$ のコイルに電流 $I = 2\,[\text{A}]$ の直流電流が流れている．このコイルに蓄えられているエネルギーを求めよ．

☐ **1.7** キャパシタンス $C = 5\,[\mu\text{F}]$ のコンデンサに $10\,\text{V}$ の直流電圧が加えられている．このコンデンサに蓄えられているエネルギーを求めよ．

第2章
直流抵抗回路

　直流抵抗回路は電気回路の基本である．直流回路は一定の電圧を加えることで回路に一定の電流が流れる．ここでは，回路を解析するために必要な法則，定理について学ぶ．

2.1 キルヒホフの法則

複雑な回路の各部の電圧，電流を求める場合，用いられるのが**キルヒホフの法則**である．この法則を用いて，電圧，電流についての方程式を立て，解くことにより回路に流れる電流を求めることができる．

この法則は電流に関するものと電圧に関するものの 2 つの法則から成り立っている．

2.1.1 キルヒホフの第一法則（電流則）

回路網にある任意の分岐点において流れ込む電流と流れ出る電流の和は等しくなる．これを**キルヒホフの第一法則**とよぶ．

図 2.1 に示すように回路の分岐点に 5 本の導線が接続されていて，それぞれ I_1 から I_5 の電流が流れている．I_1, I_3, I_4 が流れ込み，I_2, I_5 が流れ出ているとすると

$$I_1 + I_3 + I_4 = I_2 + I_5 \tag{2.1}$$

となる．

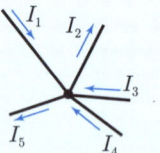

図 2.1　キルヒホフの第一法則

例題 2.1

図 2.1 においてそれぞれの電流値が $I_1 = 2, I_2 = 3, I_3 = 5, I_4 = 1$ [A] であるとき，電流 I_5 の値を求めよ．

【解答】　キルヒホフの第一法則から式 (2.1) にそれぞれの値を代入すると

$$2 + 5 + 1 = 3 + I_5 \tag{2.2}$$

よって，$I_5 = 5$ [A] と求めることができる．

2.1.2 キルヒホフの第二法則（電圧則）

　回路網の任意の閉回路について回路を一方向にたどるとき，回路中の電源の総和と抵抗による電圧降下の総和は等しくなる．これを**キルヒホフの第二法則**とよぶ．

　図2.2のような回路網があるとする．いまこの中で図の回路の電流ループについて時計回りに回路をたどる．電源の向き，抵抗を流れる電流の向きに注意して，電源と電圧降下をたどると

$$V_1 - I_1R_1 - I_2R_2 + I_3R_3 - V_2 + I_4R_4 = 0 \tag{2.3}$$

となる．

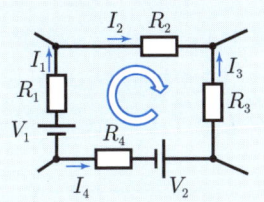

図2.2　キルヒホフの第二法則

次に実際にキルヒホフの第二法則を用いて回路網を解く．

■ 例題2.2 ■

　図2.2において電圧源 $V_1 = 5$ [V]，電流値が $I_1 = 3, I_2 = 2, I_3 = 4, I_4 = 2$ [A]，抵抗が $R_1 = 5, R_2 = 3, R_3 = 4, R_4 = 1$ [Ω] であるとき，電圧源 V_2 の値を求めよ．

【解答】　キルヒホフの第二法則から式 (2.3) にそれぞれの値を代入すると

$$5 - 3 \cdot 5 - 2 \cdot 3 + 4 \cdot 4 - V_2 + 2 \cdot 1 = 0 \tag{2.4}$$

よって，$V_2 = 2$ [V] と求めることができる．

2.2 重ね合わせの理

複数の電源と抵抗からなる回路網について，回路中に流れる電流はそれぞれの電源が単独で存在する場合に回路を流れる電流の和で表すことができる．これを**重ね合わせの理**とよぶ．

図2.3の回路図について考える．この回路には2つの電源 V_1 と V_2 がある．重ね合わせの理より，回路の抵抗 R_1 から R_3 に流れる電流は回路に電源 V_1 のみがあったとした場合に流れる電流と V_2 のみがあったとした場合に流れる電流の和とすることができる．

具体的には図2.4に示すような2つの回路に分解して考えればよい．図2.4（a）は電源 V_1 のみが存在する回路，図2.4（b）は電源 V_2 のみが存在する回路である．また V_1 についての回路では V_2 は短絡されており，V_2 についての回路では逆に V_1 が短絡されている．ここで V_1 についての回路で各抵抗に流れる電流が I_{1A}，I_{2A}，I_{3A}，V_2 について同様に I_{1B}，I_{2B}，I_{3B}

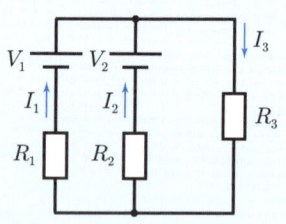

図2.3　複数の電源，抵抗が存在する直流回路

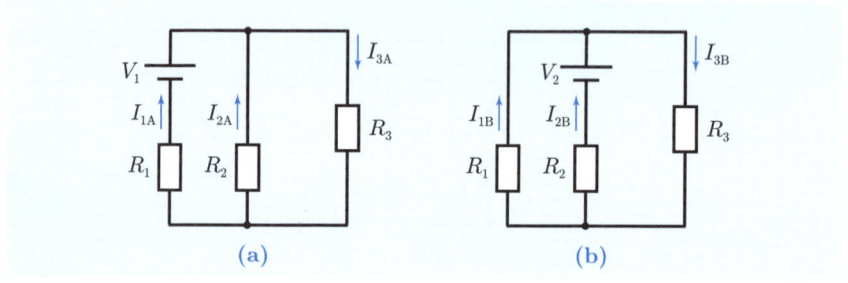

図2.4　重ね合わせの理による回路の分解

であると，元の回路に流れる電流はそれぞれの和，つまり

$$I_1 = I_{1A} + I_{1B}$$
$$I_2 = I_{2A} + I_{2B} \tag{2.5}$$
$$I_3 = I_{3A} + I_{3B}$$

となる．

■ **例題2.3** ■

図2.3において，電圧と抵抗の値が既知であるとする．重ね合わせの理を用いて電流 I_1 を求めよ．

【解答】 図2.4 (a) の回路の合成抵抗 R_A は

$$\begin{aligned} R_A &= R_1 + \frac{R_2 R_3}{R_2 + R_3} \\ &= \frac{R_1 R_2 + R_1 R_3 + R_2 R_3}{R_2 + R_3} \end{aligned} \tag{2.6}$$

よって，電流 I_{1A} は次式で表される．

$$I_{1A} = \frac{V_1}{R_A} \tag{2.7}$$

同様にして，図2.4 (b) の回路の合成抵抗 R_B は

$$\begin{aligned} R_B &= R_2 + \frac{R_1 R_3}{R_1 + R_3} \\ &= \frac{R_1 R_2 + R_2 R_3 + R_1 R_3}{R_1 + R_3} \end{aligned} \tag{2.8}$$

よって，電流 I_{1B} は次式で表される．

$$I_{1B} = -\frac{V_2}{R_B} \frac{R_3}{R_1 + R_3} \tag{2.9}$$

電流 I_1 は I_{1A} と I_{1B} の和を求めることで得られる． ■

2.3 鳳–テブナンの定理

いま，中身が分からない複数の電源および抵抗で構成される回路網があるとする．この回路網に出力端子があるとする．その出力端子の開放電圧を V_0 とする．端子から回路網をみると，電源電圧 V_0 と抵抗 R_0 の直列回路と扱うことができる．ここで電源に直列接続された抵抗は電源の内部抵抗と考えることができるので，1つの直流電源とその内部抵抗で回路網を等価的に扱うことができることになる．これを鳳–テブナンの定理とよぶ．図2.5に定理を示す．

いま，図2.6のように抵抗 R を出力端子につなぎ，抵抗に電流 I が流れたとする．流れた電流と回路網の関係は

$$I = \frac{V_0}{R_0 + R} \tag{2.10}$$

と表すことができる．この定理を用いることで複数の電源，抵抗が存在する回路を簡単に計算することが可能となる．

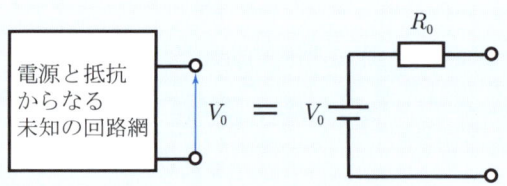

図2.5　鳳–テブナンの定理

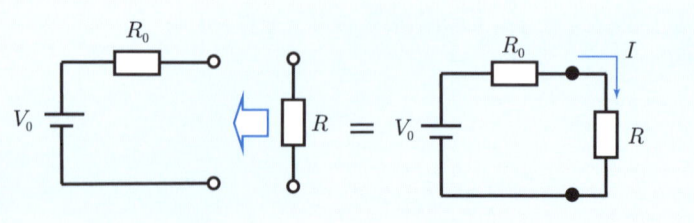

図2.6　鳳–テブナンの定理の例

2.3 鳳-テブナンの定理

■ 例題2.4 ■

図2.7のような回路がある．この回路の各抵抗に流れる電流の値を次の手法を用いて求めよ．

(1) キルヒホフの法則を用いる．
(2) 重ね合わせの理を用いる．
(3) 鳳-テブナンの定理を用いる．

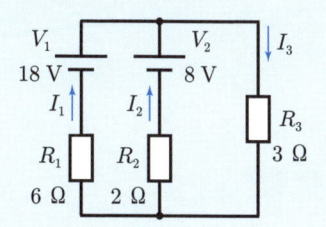

図2.7 複数の電源，抵抗を持つ回路

【解答】 (1) キルヒホフの法則を用いた場合

キルヒホフの第一法則と第二法則を用いて電流を求める．

まず，図2.8のように①のループについてキルヒホフの第二法則をあてはめる．電源 V_1 を出発して時計回りにたどると

$$18 - 8 + I_2 \cdot 2 - I_1 \cdot 6 = 0 \tag{2.11}$$

電流 I_1 について解くと

$$I_1 = \frac{I_2 + 5}{3} \tag{2.12}$$

②のループについても同様に

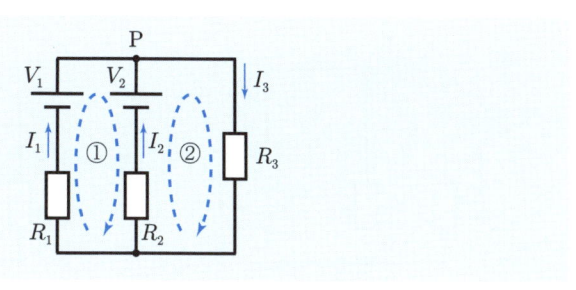

図2.8 キルヒホフの第二法則を用いた解法

第2章 直流抵抗回路

$$8 - I_3 \cdot 3 - I_2 \cdot 2 = 0 \tag{2.13}$$

I_3 について解くと

$$I_3 = \frac{-2I_2 + 8}{3} \tag{2.14}$$

ここで点 P においてキルヒホッフの第一法則を適用すると

$$I_1 + I_2 - I_3 = 0 \tag{2.15}$$

式 (2.12) と (2.14) を式 (2.15) に代入すると

$$\frac{I_2 + 5}{3} + I_2 - \frac{-2I_2 + 8}{3} = 0$$
$$I_2 = \frac{1}{2} \tag{2.16}$$

よって式 (2.12), (2.14) より

$$\begin{aligned} I_1 &= \frac{11}{6} \\ I_3 &= \frac{7}{3} \end{aligned} \tag{2.17}$$

となる.

(2) 重ね合わせの理を用いた場合

重ね合わせの理より，V_1 のみの回路と V_2 のみの回路に分割する.

〔V_1 のみの回路について（図2.9）〕 この回路は V_1 に抵抗 R_1 が直列に接続され，R_2 と R_3 がさらに並列接続されている回路である．まず，回路全体の合成抵抗 R_A を求めると

$$\begin{aligned} R_\mathrm{A} &= R_1 + \frac{R_2 R_3}{R_2 + R_3} = 6 + \frac{6}{5} \\ &= \frac{36}{5} \end{aligned} \tag{2.18}$$

よって電源 V_1 から出る電流 $I_{1\mathrm{A}}$ は

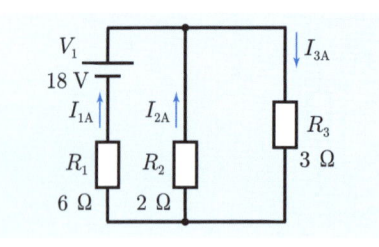

図2.9 V_1 のみの回路

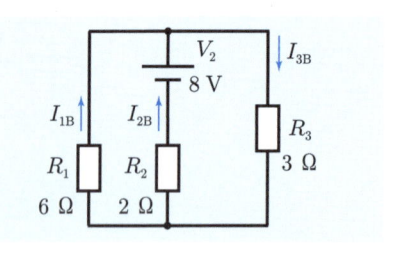

図2.10 V_2 のみの回路

2.3 鳳－テブナンの定理

$$I_{1A} = \frac{18}{\frac{36}{5}}$$
$$= \frac{5}{2} \qquad (2.19)$$

つまり，それぞれの抵抗に流れる電流は
$$I_{2A} = -\frac{R_3}{R_2+R_3}I_{1A} = -\frac{3}{5} \cdot \frac{5}{2}$$
$$= -\frac{3}{2} \qquad (2.20)$$

注意 I_{2A} の方向は図2.9のように設定しているが，電流の向きは逆なので符号を逆にする必要がある．

$$I_{3A} = \frac{R_2}{R_2+R_3}I_{1A} = \frac{2}{5} \cdot \frac{5}{2}$$
$$= = 1 \qquad (2.21)$$

〔V_2 のみの回路について（図2.10）〕回路全体の合成抵抗 R_B を求めると
$$R_B = R_2 + \frac{R_1R_3}{R_1+R_3} = 2 + \frac{18}{9}$$
$$= 4 \qquad (2.22)$$

よって電源から出る電流 I_{2B} は
$$I_{2B} = \frac{8}{4}$$
$$= 2 \qquad (2.23)$$

つまり，それぞれの抵抗に流れる電流は
$$I_{1B} = -\frac{R_3}{R_1+R_3}I_{2B} = -\frac{3}{9} \cdot 2$$
$$= -\frac{2}{3} \qquad (2.24)$$

注意 I_{1B} の方向は図2.10のように設定しているが，電流の向きは逆なので符号を逆にする必要がある．

$$I_{3B} = \frac{R_1}{R_1+R_3}I_{2B} = \frac{6}{9} \cdot 2$$
$$= \frac{4}{3} \qquad (2.25)$$

重ね合わせの理より
$$\begin{aligned} I_1 &= I_{1A} + I_{1B} = \frac{5}{2} - \frac{2}{3} = \frac{11}{6} \\ I_2 &= I_{2A} + I_{2B} = -\frac{3}{2} + 2 = \frac{1}{2} \\ I_3 &= I_{3A} + I_{3B} = 1 + \frac{4}{3} = \frac{7}{3} \end{aligned} \qquad (2.26)$$

となる．

(3) 鳳-テブナンの定理を用いた場合

鳳-テブナンの定理を用いて計算を行う．いま，図2.11のように抵抗 R_3 を切り離して，出力端子とする．まず，開放した出力端子の開放電圧 V_0 を求める．

R_3 を切り離して開放した状態で V_0 の電位を求める．ここで，V_1 と R_1 での電圧降下の和と V_2 と R_2 での電圧降下の和はともに V_0 と等しくなる．また，このとき各抵抗に流れる電流は $I'_1 = -I'_2$ となることから

$$V_1 - I'_1 R_1 = V_2 + I'_1 R_2$$
$$(R_1 + R_2) I'_1 = V_1 - V_2$$
$$I'_1 = \frac{V_1 - V_2}{R_1 + R_2} \tag{2.27}$$

よって開放電圧 V_0 は

$$\begin{aligned} V_0 &= V_1 - I'_1 R_1 \\ &= V_1 - \frac{V_1 - V_2}{R_1 + R_2} R_1 \\ &= \frac{V_1 R_2 + V_2 R_1}{R_1 + R_2} \\ &= \frac{21}{2} \end{aligned} \tag{2.28}$$

内部抵抗 R_0 は並列に接続された R_1 と R_2 の合成抵抗なので

$$\begin{aligned} R_0 &= \frac{R_1 R_2}{R_1 + R_2} \\ &= \frac{3}{2} \end{aligned} \tag{2.29}$$

となる．

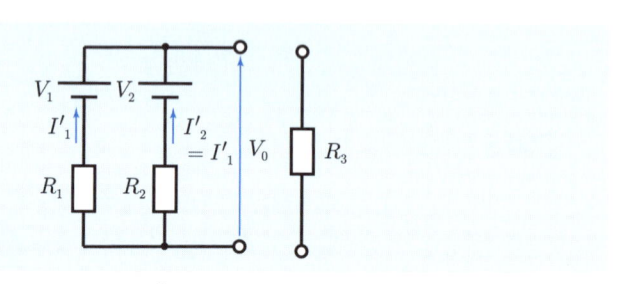

図2.11　鳳-テブナンの定理を用いた解法

2.3　鳳–テブナンの定理

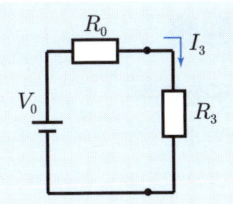

図2.12　鳳–テブナンの定理による等価回路

よって，鳳–テブナンの定理より図2.12の等価回路とすることで I_3 は

$$
\begin{aligned}
I_3 &= \frac{V_0}{R_0+R_3} \\
&= \frac{\frac{21}{2}}{\frac{3}{2}+3} \\
&= \frac{7}{3}
\end{aligned}
\tag{2.30}
$$

と求めることができる．

R_3 を接続した後の出力端子の電位差は $I_3 R_3 = 7$ となるので

$$
\begin{aligned}
V_1 - I_1 R_1 &= 7 \\
V_2 - I_2 R_2 &= 7
\end{aligned}
\tag{2.31}
$$

から

$$
\begin{aligned}
I_1 &= \frac{18-7}{6} \\
&= \frac{11}{6} \\
I_2 &= \frac{8-7}{2} \\
&= \frac{1}{2}
\end{aligned}
\tag{2.32}
$$

と求めることができる．

以上のように，3つの解法で回路に流れる電流を求めることができた．■

2.4 ブリッジ回路

2.4.1 ブリッジ回路の平衡条件

図2.13のように4つの抵抗と電源を接続する．このような回路をブリッジ回路とよぶ．

端子 a-b 間に検流計を接続する．もし端子 a と b の電位が同じであれば a-b 間に流れる電流はゼロとなり検流計の針は振れない．この状態をブリッジ回路の平衡状態とよぶ．

■ 例題2.5 ■

ブリッジ回路が平衡状態を満たすための4つの抵抗の条件を示せ．

【解答】 抵抗 R_1 から R_4 に流れる電流をそれぞれ I_1 から I_4 とする．

端子 a と b の電位が同じなら R_1 と R_2 における電圧降下が同じである．したがって

$$I_1 R_1 = I_2 R_2 \tag{2.33}$$

となる．また，検流計に電流が流れないので，R_3 と R_4 における電圧降下も同じとなる．さらに $I_1 = I_4$ かつ $I_2 = I_3$ なので

$$I_2 R_3 = I_1 R_4 \tag{2.34}$$

式 (2.33), (2.34) をそれぞれ I_1 について解くと $I_2 \frac{R_2}{R_1}, I_2 \frac{R_3}{R_4}$ となるので

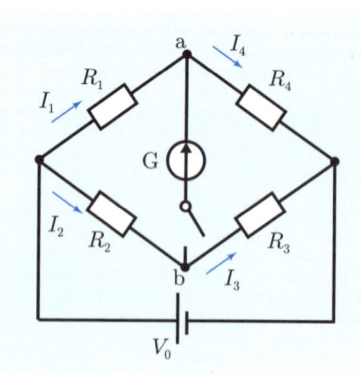

図2.13 ブリッジ回路

$$I_2 \frac{R_2}{R_1} = I_2 \frac{R_3}{R_4} \tag{2.35}$$

よって，ブリッジ回路の平衡条件は式(2.35)より

$$\frac{R_2}{R_1} = \frac{R_3}{R_4} \tag{2.36}$$

もしくは変形して

$$R_1 R_3 = R_2 R_4 \tag{2.37}$$

となる．式(2.37)は向かい合う抵抗の値の積が一致することを意味している．■

2.4.2 ブリッジ回路を用いた抵抗測定法

ブリッジ回路を用いて未知の抵抗の値を精度よく測定する方法がある．図2.14に抵抗測定用のブリッジ回路(**ホイートストンブリッジ回路**)を示す．

いま R_3 が未知の抵抗であるとする．そして R_1, R_2, R_4 が精度よく抵抗値がすでに求まっている抵抗とする．ここで R_4 を可変抵抗として，値を変化させると，あるところで検流計の値がゼロになる．このとき回路はブリッジ回路の平衡条件を満たしているので式(2.36)を変形して

$$R_3 = \frac{R_2 R_4}{R_1} \tag{2.38}$$

と求めることができる．ここで R_2 と R_1 の比を変えることで可変抵抗 R_3 の精度も調節することができる．この方法をとればテスターなどの測定器で考えられる内部抵抗の影響がないため，精度よく測定が可能である．

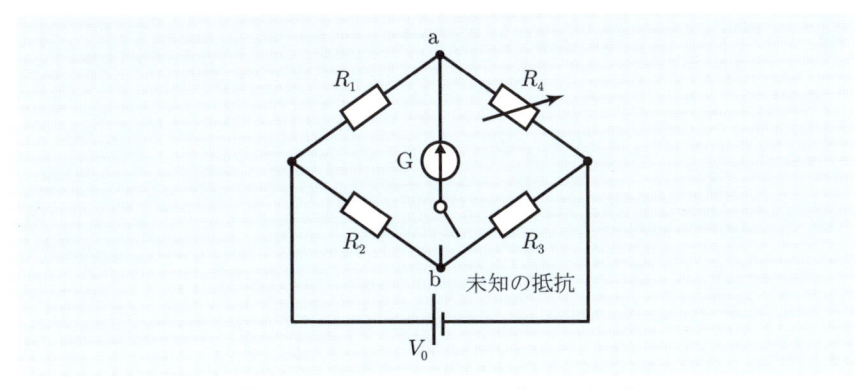

図2.14　ホイートストンブリッジ回路

● ひずみゲージ ●

抵抗の性質を使用して力を測定する**ひずみゲージ**とよばれるものがある．1.2 節で学んだように抵抗値はその物質の長さ L に比例する．

いま，図 2.15 (a) のように長さ L のある抵抗に対して力 F を押しこむ方向へ加えるとする．すると，抵抗は圧縮されることにより長さが $L \to L - \Delta L$ となり微小長さ ΔL だけ小さくなる．よって，抵抗値は小さくなる．

逆に図 2.15 (b) のように抵抗をある力 F で引っ張るとする．抵抗は膨張することになり，長さが $L \to L + \Delta L$ となり微小長さ ΔL だけ大きくなる．その結果，抵抗値は大きくなる．

よって，加える力と抵抗値の変化が分かっていれば抵抗値の変化から加えられている力の大きさを求めることができる．ただし，この抵抗値の変化は非常に小さいため，精度の高い測定が必要となる．そこで先に述べたホイートストンブリッジ回路を用いることで抵抗値を精度よく求めることができるのである．

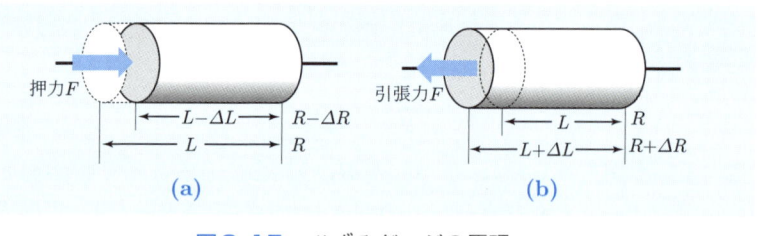

図 2.15　ひずみゲージの原理

2章の問題

☐ **2.1** 回路にある接点 P がある．この接点には 4 本の線が接続されており，3 本の線から P に電流が流れ込み，1 本の線へ電流が流れ出ている．いま，流れ込んでいる電流がそれぞれ 2 A, 1 A, 3 A のとき，流れ出ている電流の大きさを求めよ．

☐ **2.2** 図1のような回路がある．いま，この回路の電圧 $V_1 = 10, V_2 = 4$ [V]，電流 $I_1 = 2, I_2 = 3, I_3 = 1, I_4 = 2$ [A]，抵抗 $R_1 = 6, R_2 = 3, R_3 = 5$ [Ω] のとき，抵抗 R_4 の値を求めよ．

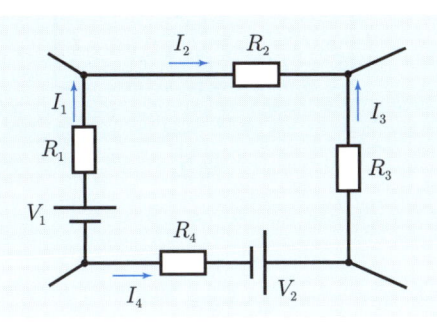

図1

☐ **2.3** 図2のような電気回路がある．この回路に流れるそれぞれの電流の値を次の手法を用いて求めよ．ただし電圧 $V_1 = 9, V_2 = 4, V_3 = 11$ [V]，抵抗 $R_1 = 3, R_2 = 4, R_3 = 6, R_4 = 2$ [Ω] とする．

図2

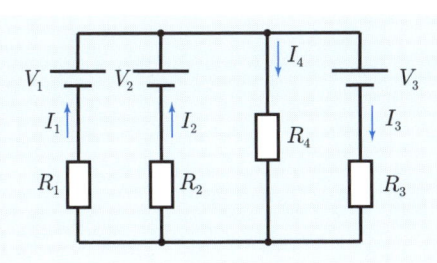

(1) キルヒホフの法則を用いる．
(2) 重ね合わせの理を用いる．
(3) 鳳-テブナンの定理を用いる．

2.4 図3のようなブリッジ回路がある．このブリッジ回路が平衡状態にあるとき，R_4 の値を求めよ．ただし，$R_1 = 4$, $R_2 = 4$, $R_3 = 2$ とする．

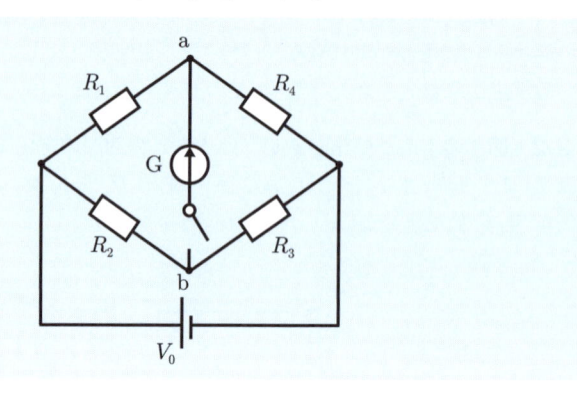

図3

第3章

交流基本回路

　直流においてはその状態を表す物理量は電圧と電流だけであったが，交流ではさらに周波数という物理量も加わる．また電圧と電流それぞれに時間変化が存在するため，お互いの相関関係を示す指標である位相も加わる．ここでは交流回路に電気的な素子を接続した場合の回路状態について検討を行う．

3.1 正弦波交流

まず,交流電源に用いられる**正弦波交流**について説明する.図3.1に示す交流正弦波電圧源 $v(t)$ [V] は次式で表される.

$$v(t) = V_\mathrm{m} \sin \omega t \tag{3.1}$$

ここで V_m:最大値 [V],T:周期 [s] は正弦波が1周期変化するのに必要な時間となる.さらに正弦波が1s間に何周期繰り返されるかが周波数 f [Hz] で

$$f = \frac{1}{T} \tag{3.2}$$

となる.例えば一般家庭に供給されている商用電源の周波数は東日本で50 Hz,西日本で60 Hzとなる.

式 (3.1) における ω [rad/s] は電源の角周波数であり,電源の周波数 f との関係は次式で表すことができる.

$$\omega = 2\pi f \tag{3.3}$$

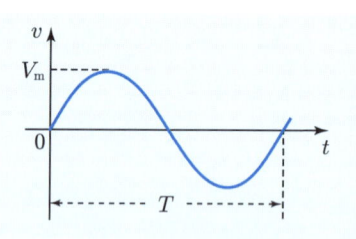

図3.1 正弦波交流

3.1.1 平 均 値

交流の値の指標として**平均値**がある.正弦波は正の部分と負の部分が全く同じであるため,平均値をとると,1周期でゼロとなってしまう.よって,どちらかの部分について平均値を求めることになる.いま,正の部分について求めると平均値 V_a は

$$\begin{aligned}V_\mathrm{a} &= \tfrac{1}{T}\int_0^T V_\mathrm{m} \sin t\, dt = \tfrac{1}{\pi}\int_0^\pi V_\mathrm{m} \sin \omega t\, d(\omega t) \\ &= -\tfrac{1}{\pi} V_\mathrm{m} [\cos \omega t]_0^\pi = \tfrac{2}{\pi} V_\mathrm{m} \end{aligned} \tag{3.4}$$

よって正弦波の場合は平均値は最大値の $\frac{2}{\pi}$ 倍となり，図3.2のように示すことができる．

3.1.2 実効値

交流は正弦波をはじめ，大きさと方向が時間とともに変化するため，最大値や平均値などを基準として大きさを比較するのは不適当である．よって，エネルギーを基準に考える**実効値**を用いるのがよい．基準とするのは抵抗に直流電圧を加えた際に発生するジュール熱（熱エネルギー）である．

抵抗 R [Ω] に直流電圧 V_d [V] が加わるとき，発生するジュール熱 P_d [W] は

$$P_d = V_d I_d \tag{3.5}$$

オームの法則から

$$P_d = \frac{V_d^2}{R} \tag{3.6}$$

いま，周期 T [s] の交流電圧 $v(t)$ [V] を抵抗に加えた場合についてそのジュール熱の平均値 P_a [W] を求めると

$$P_a = \frac{1}{T}\int_0^T \frac{v(t)^2}{R} dt \tag{3.7}$$

ここで $P_d = P_a$ と考えることができる．さらに交流における実効値 V は直流における V_d と同じと考えることができるので

$$V^2 = \frac{1}{T}\int_0^T v(t)^2 dt$$

$$V = \sqrt{\frac{1}{T}\int_0^T v(t)^2 dt} \tag{3.8}$$

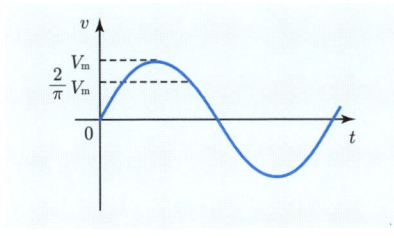

図3.2　正弦波の平均値

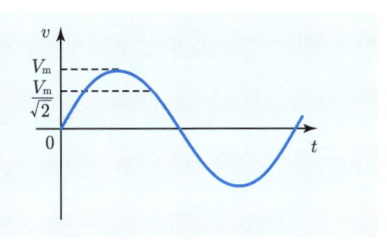

図3.3　正弦波の実効値

とすることができる．つまり交流電圧の2乗の平均値を求め，その平方根をとればよい．

いま電源が $v = V_\mathrm{m} \sin \omega t$ の正弦波交流とすると，式 (3.8) から

$$\begin{aligned} V^2 &= \tfrac{1}{\pi} \int_0^\pi (V_\mathrm{m} \sin \omega t)^2 d(\omega t) \\ &= \tfrac{V_\mathrm{m}^2}{\pi} \int_0^\pi \tfrac{1 - \cos 2\omega t}{2} d(\omega t) \\ &= \tfrac{V_\mathrm{m}^2}{2\pi} [\omega t - \tfrac{1}{2} \sin 2\omega t]_0^\pi = \tfrac{V_\mathrm{m}^2}{2} \end{aligned} \tag{3.9}$$

したがって

$$V = \frac{V_\mathrm{m}}{\sqrt{2}} \tag{3.10}$$

つまり，正弦波交流の実効値は最大値 V_m の $\frac{1}{\sqrt{2}}$ 倍となり，図3.3のように示すことができる．

3.1.3 位 相

交流は時間とともに変化するため，同じ周波数，振幅でも波形がずれて重ならない場合がある．図3.4に2つの電圧波形 v_1 および v_2 を示す．v_1 を基準とすると，これに対して v_2 の波形が θ 遅れていることが分かる．式 (3.11) にそれぞれの波形の式を示す．

$$\begin{aligned} v_1 &= V_\mathrm{m} \sin \omega t \\ v_2 &= V_\mathrm{m} \sin(\omega t - \theta) \end{aligned} \tag{3.11}$$

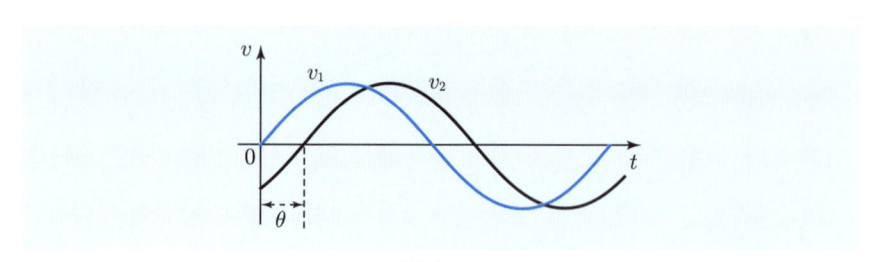

図3.4 位相差 θ の v_1 と v_2

この両者の波形の差 θ [rad] を**位相差**とよび，v_1 に対して v_2 の**位相**が θ 遅れることになる．交流の場合は，位相差がある複数の電源が存在したり，回路の負荷により，電圧と電流の間に位相差が発生する場合がある．

3.2 正弦波交流のフェーザ表示と複素数表示

正弦波交流波形の表現には式 (3.11) のような数式を用いる．ただ，三角関数を用いると，波形の合成などの計算を行う際，三角関数の複雑な演算が必要となる．そこで，フェーザが用いられる．フェーザは長さと方向を持つもので，その意味ではベクトルと同じである．フェーザで表現するとそれぞれの物理量の関係が分かりやすく，また計算も簡単になる．

3.2.1 フェーザ表示

図3.5にフェーザ表示（極座標表示）の例を示す．

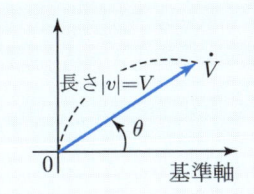

図3.5　フェーザ表示

いま
$$v = V_\mathrm{m} \sin(\omega t + \theta) \tag{3.12}$$
の波形をフェーザ表示することを考える．まず，フェーザの長さは v の大きさであるので，実効値 V となる．

$$|v| = \frac{V_\mathrm{m}}{\sqrt{2}} = V \tag{3.13}$$

次にフェーザの向きについて考える．図3.5のように基準軸があり，その軸に対して周期関数の1周期 2π からどれだけ位相の遅れ，進みがあるかを示す．v は $t=0$ のときに θ だけ位相が進むことになる．したがってフェーザの向きは基準軸から θ の角度で回転させた方向となる．

ここで v のフェーザは $\dot{V}$ と表し，フェーザ表示は

$$\dot{V} = V \angle \theta \tag{3.14}$$

となる．

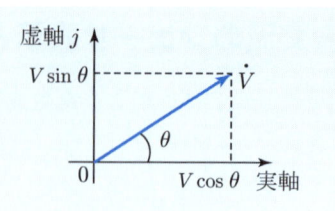

図3.6　複素数表示

3.2.2 複素数表示

図3.6に示すように v について基準軸を実軸，基準軸と直交する軸を虚軸とする座標系でフェーザを表示することを**複素数表示**とよぶ．

フェーザの終点は実軸の座標と虚軸の座標を用いて表現できる．v について複素数表示を求めると実軸座標は $V\cos\theta$，虚軸座標は $V\sin\theta$ となるので

$$\dot{V} = V\cos\theta + jV\sin\theta \tag{3.15}$$

となる．ただし j は虚軸の座標であることを示す．

■ 例題3.1 ■

式 (3.11) の v_1 および v_2 をフェーザ表示および複素数表示で表せ．

【解答】　$\dot{V}_1$ と $\dot{V}_2$ は大きさ，角周波数が同じで位相差が θ である．極座標表示で表すと

$$\begin{aligned}\dot{V}_1 &= V\angle 0 \\ \dot{V}_2 &= V\angle(-\theta)\end{aligned} \tag{3.16}$$

ただし，V は実効値で $V = \frac{V_m}{\sqrt{2}}$ である．$\dot{V}_1$ と $\dot{V}_2$ について複素数表示を考える．いま $\dot{V}_1$ は基準軸にあるので，実軸座標のみである．$\dot{V}_2$ は虚軸座標もあるので

$$\begin{aligned}\dot{V}_1 &= V \\ \dot{V}_2 &= V\cos\theta - jV\sin\theta\end{aligned} \tag{3.17}$$

とすることができる．

図3.7にフェーザ表示を，図3.8に複素数表示を示す．図のようにフェーザ表示は長さと基準軸からのフェーザの方向を，複素数表示は実軸と虚軸で示された座標軸上に各要素（いまの場合は $\dot{V}_1$ と $\dot{V}_2$）をフェーザで示すこ

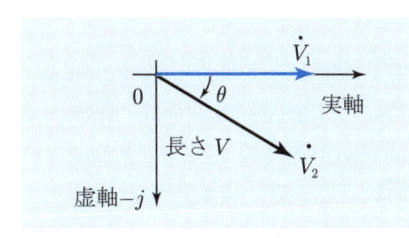

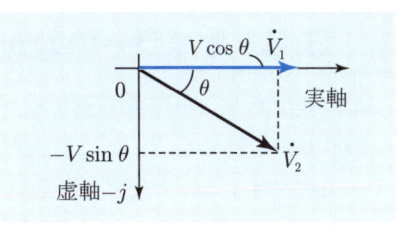

図 3.7 $\dot{V}_1$ と $\dot{V}_2$ のフェーザ表示　　**図 3.8** $\dot{V}_1$ と $\dot{V}_2$ の複素数表示

とになる．そして，$\dot{V}_1$ を基準とすると $\dot{V}_1$ が実軸上に，$\dot{V}_2$ は θ [rad] 遅れるので実軸から θ [rad] 時計回りに回転した位置になる．

■ 例題 3.2 ■

いま $\dot{V}_1 = V$ を基準とし，これに対して次のような $\dot{V}_2$ の複素数表示を示せ．
(1) 位相が θ 進んで大きさが同じ
(2) 位相が θ 遅れて大きさが 2 倍

【解答】　(1)　大きさが V で位相が θ 進むので
$$\dot{V}_2 = V\cos\theta + jV\sin\theta \tag{3.18}$$
(2)　大きさが $2V$ で位相が θ 遅れるので
$$\dot{V}_2 = 2V\cos\theta - j2V\sin\theta \tag{3.19}$$

3.3 オイラーの公式

正弦波交流を三角関数で表すと，後に出てくる回路計算で合成，微分，積分の計算が煩雑になる．そこでこの三角関数を指数関数で表現できるようにする公式が**オイラーの公式**である．指数関数はこれらの計算が比較的容易にできるので，回路計算に大変便利である．オイラーの公式は

$$e^{j\theta} = \cos\theta + j\sin\theta \tag{3.20}$$

となる．式 (3.20) で $\theta = -\theta$ を代入すると次式を得る．

$$e^{-j\theta} = \cos\theta - j\sin\theta \tag{3.21}$$

この 2 式から $\sin\theta, \cos\theta$ について解くと

$$\begin{aligned}\cos\theta &= \tfrac{1}{2}(e^{j\theta} + e^{-j\theta}) \\ \sin\theta &= \tfrac{1}{2j}(e^{j\theta} - e^{-j\theta})\end{aligned} \tag{3.22}$$

となる．

■ 例題3.3 ■

オイラーの公式について次の問いに答えよ．
(1) $\theta = \frac{\pi}{6}$ のとき，$e^{j\theta}$ を求めよ．
(2) $e^{j\theta} = \frac{\sqrt{2}}{2} + j\frac{\sqrt{2}}{2}$ のときの θ の値を求めよ．

【解答】 (1) 公式より

$$\begin{aligned}e^{j\frac{\pi}{6}} &= \cos\tfrac{\pi}{6} + j\sin\tfrac{\pi}{6} \\ &= \tfrac{\sqrt{3}}{2} + j\tfrac{1}{2}\end{aligned} \tag{3.23}$$

(2) 公式より $\cos\theta = \frac{\sqrt{2}}{2}$，また $\sin\theta = \frac{\sqrt{2}}{2}$．したがって

$$\theta = \tfrac{\pi}{4}$$

となる．　■

3.4 抵抗回路

正弦波交流電源に抵抗を接続した場合に抵抗に加わる電圧と電流の関係について述べる．

いま，電源電圧 $v = V_m \sin \omega t$，抵抗 R の交流回路がある．

$$v = iR \tag{3.24}$$

抵抗に流れる電流 i は

$$i = \frac{v}{R} = \frac{V_m}{R} \sin \omega t = I_m \sin \omega t \tag{3.25}$$

となる．ここで抵抗回路における電圧と電流の比は $\frac{v}{i} = R$ となる．

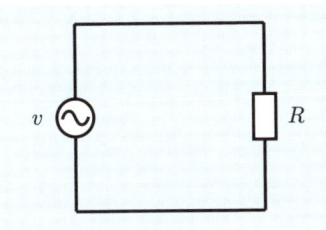

図3.9 抵抗を接続した交流回路

図3.10 に電圧と電流を示す．このように抵抗を接続した場合は電圧と電流の変化は全く同じになる．

フェーザ表示すると

$$\begin{aligned} \dot{V} &= V \angle 0 \\ \dot{I} &= I \angle 0 \end{aligned} \tag{3.26}$$

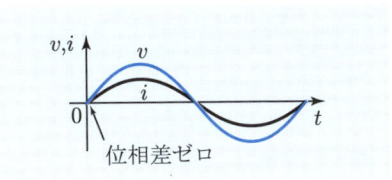

図3.10 抵抗回路の電圧と電流の関係 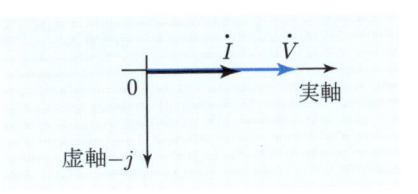　　図3.11 抵抗回路のフェーザ表示

つまり電圧と電流の位相差はゼロとなる．フェーザ表示すると図3.11となる．

$\dot{V}$ と $\dot{I}$ を複素数表示すると，虚軸成分がないので

$$\dot{V} = V$$
$$\dot{I} = I = \frac{V}{R} \qquad (3.27)$$

とすることができる．

ここで抵抗で消費される電力について考える．抵抗で消費される電力 p は

$$p = vi$$
$$= V_m I_m \sin^2 \omega t \qquad (3.28)$$

となる．電力の様子を図3.12に示す．電力は常に正の値となり，周期は電圧，電流の半分となる．

ここで抵抗で消費される平均電力 P_a を求めると

$$P_a = \tfrac{1}{T} \int_0^T p\, dt$$
$$= \tfrac{1}{\pi} \int_0^\pi V_m I_m \sin^2 \omega t\, d(\omega t)$$
$$= \tfrac{1}{2} V_m I_m \qquad (3.29)$$

となる．電圧の実行値 $V = \frac{V_m}{\sqrt{2}}$，電流の実行値 $I = \frac{I_m}{\sqrt{2}}$ となるので，電力は実効値を用いて

$$P = VI \qquad (3.30)$$

と表すことができる．

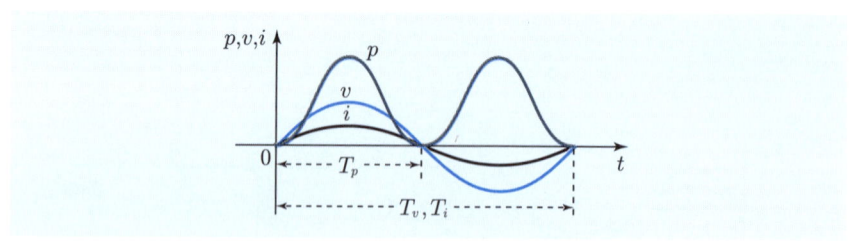

図3.12 抵抗で消費される電力

3.5 インダクタンス回路

正弦波交流電源にコイルを接続した場合にコイルに加わる電圧と電流の関係について述べる．いま，図3.13のような電源電圧 $v = V_m \sin \omega t$，インダクタンス L の交流回路がある．

$$v = L\frac{di}{dt}$$
$$i = \frac{1}{L}\int v dt \tag{3.31}$$

よって，コイルに流れる電流 i は

$$i = \frac{1}{L}\int V_m \sin \omega t dt = \frac{V_m}{\omega L}(-\cos \omega t)$$
$$= \frac{V_m}{\omega L}\sin\left(\omega t - \frac{\pi}{2}\right) \tag{3.32}$$

図3.13 コイルを接続した交流回路

インダクタンス回路での電圧と電流の比を**誘導リアクタンス** X_L とよぶ．

$$X_L = \frac{v}{i} = \omega L$$
$$= 2\pi f L \tag{3.33}$$

このように，コイルを接続した回路では誘導リアクタンス X_L が電源の角周波数 ω（＝電源周波数 f）によって変化する．これが抵抗回路との大きな違いである．図3.14に X_L の周波数特性を示す．また，電圧に対して電流の位相が $\frac{\pi}{2}$ [rad] 遅れることになる．

図3.15に電圧と電流を示す．フェーザ表示すると

$$\dot{V} = V \angle 0$$
$$\dot{I} = I\angle\left(-\frac{\pi}{2}\right) = \frac{V}{\omega L}\angle\left(-\frac{\pi}{2}\right) \tag{3.34}$$

つまり電圧と電流の位相差は $\frac{\pi}{2}$ [rad] となる．また電圧と電流のフェーザ表示を図3.16に示す．

$\dot{V}$ と $\dot{I}$ を複素数表示すると

$$\dot{V} = V$$
$$\dot{I} = \frac{I}{j}$$
$$= \frac{V}{j\omega L}$$
(3.35)

とすることができる．

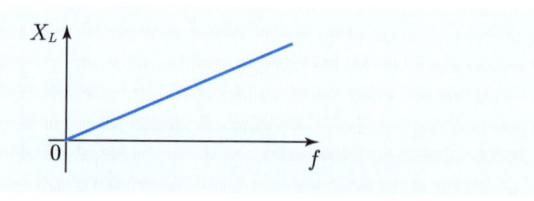

図3.14　X_L の周波数特性

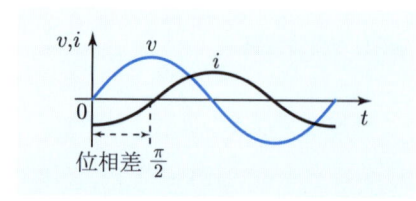

図3.15　インダクタンス回路の電圧と電流の関係

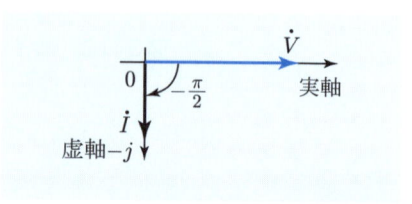

図3.16　インダクタンス回路の電圧と電流のフェーザ表示

3.6 キャパシタンス回路

正弦波交流電源にコンデンサを接続した場合にコンデンサに加わる電圧と電流の関係について述べる．いま，図3.17のような電源電圧 $v = V_\mathrm{m}\sin\omega t$, キャパシタンスが C の交流回路がある．

$$\begin{aligned} v &= \tfrac{1}{C}\int i\,dt \\ i &= C\tfrac{dv}{dt} \end{aligned} \tag{3.36}$$

よって，コンデンサに流れる電流 i は

$$\begin{aligned} i &= C\tfrac{d}{dt}V_\mathrm{m}\sin\omega t \\ &= V_\mathrm{m}\omega C\cos\omega t \\ &= V_\mathrm{m}\omega C\sin(\omega t + \tfrac{\pi}{2}) \end{aligned} \tag{3.37}$$

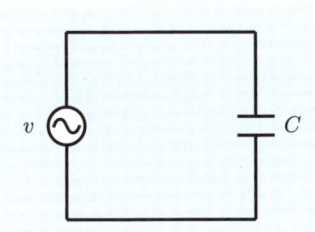

図3.17 コンデンサを接続した交流回路

キャパシタンス回路での電圧と電流の比を**容量リアクタンス** X_C とよぶ．

$$\begin{aligned} X_C &= \tfrac{v}{i} = \tfrac{1}{\omega C} \\ &= \tfrac{1}{2\pi f C} \end{aligned} \tag{3.38}$$

このように，コンデンサを接続した回路では容量リアクタンス X_C が電源の角周波数 ω（= 電源周波数 f）によって変化する．図3.18に X_C の周波数特性を示す．また電圧に対して電流の位相が $\tfrac{\pi}{2}$ 進むことになる．

図3.19に電圧と電流を示す．フェーザ表示すると

$$\dot{V} = V\angle 0$$
$$\dot{I} = I\angle \frac{\pi}{2}$$
$$= V\omega C \angle \frac{\pi}{2} \tag{3.39}$$

つまり電圧と電流の位相差は $\frac{\pi}{2}$ [rad] となる．また電圧と電流のフェーザ表示を図3.20に示す．

$\dot{V}$ と $\dot{I}$ を複素数表示すると

$$\dot{V} = V$$
$$\dot{I} = jI$$
$$= j\omega CV \tag{3.40}$$

とすることができる．

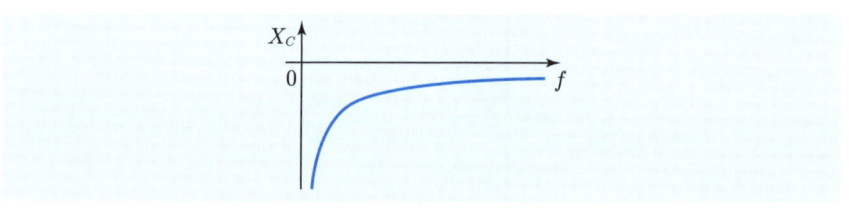

図3.18 X_C の周波数特性

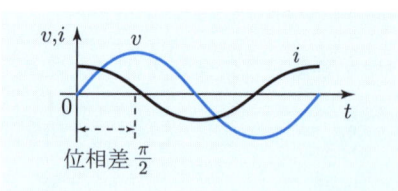

図3.19 キャパシタンス回路の電圧と電流の関係

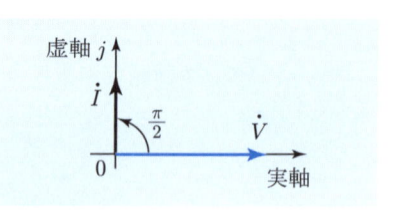

図3.20 キャパシタンス回路の電圧と電流のフェーザ表示

3.7 インピーダンスとアドミタンス

いま，ある回路に電圧 V [V] が加わったとき，電流 I [A] が流れたとする．このときの電圧と電流の比をこの回路の**インピーダンス** Z [Ω] とよぶ．電圧と電流の関係は

$$\dot{V} = \dot{Z}\dot{I} \tag{3.41}$$

このインピーダンスは電圧と電流の位相を考慮して，抵抗成分 R（抵抗回路における電圧と電流の比）とリアクタンス成分 X（インダクタンス，およびキャパシタンス回路における電圧と電流の比）に分けて表示されるので

$$\dot{Z} = R + jX \tag{3.42}$$

と表すことができる．

また，インピーダンスの逆数である電流と電圧の比を**アドミタンス** Y [S] とよぶ．

$$\begin{aligned}\dot{I} &= \tfrac{1}{\dot{Z}}\dot{V} \\ &= \dot{Y}\dot{V}\end{aligned} \tag{3.43}$$

アドミタンスもインピーダンスと同様に抵抗成分における電流と電圧の比とリアクタンス成分における電流と電圧の比に分けて表示される．ここで抵抗成分に対する電流と電圧の比を**コンダクタンス** G [S]，リアクタンス成分に対する電流と電圧の比を**サセプタンス** B [S] とよぶ．アドミタンスは G と B を用いて

$$\dot{Y} = G + jB \tag{3.44}$$

と表すことができる．

3.8 直列回路

電源に素子を 2 つ以上連続して直列接続した場合について考える．すでに述べたように<u>コイルとコンデンサは電圧と電流の位相が変化するため注意が必要である</u>．直列回路においては各素子に流れる電流は同じであるため，電流を基準として考える．ここでは電源の正弦波交流電流を $i = I_\mathrm{m} \sin\omega t$ とする．

3.8.1　R-L 直列回路

正弦波交流電源に抵抗 R とコイル L を直列接続する．図 3.21 に回路図を示す．R と L に流れる電流は電源を出発する電流と同じであるので，R と L に加わる電圧は

$$\begin{aligned}
v_R &= R I_\mathrm{m} \sin\omega t \\
v_L &= L \tfrac{di}{dt} = L \tfrac{d}{dt} I_\mathrm{m} \sin\omega t = \omega L I_\mathrm{m} \cos\omega t \\
&= \omega L I_\mathrm{m} \sin(\omega t + \tfrac{\pi}{2})
\end{aligned} \tag{3.45}$$

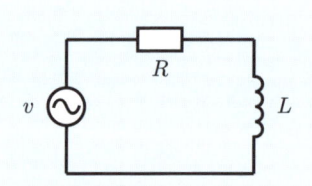

図 3.21　R-L 直列回路

これをフェーザ表示すると

$$\begin{aligned}
\dot{V}_R &= RI \angle 0 \\
\dot{V}_L &= \omega L I \angle \tfrac{\pi}{2}
\end{aligned} \tag{3.46}$$

したがって回路全体に加わる電圧 $\dot{V}$ は

$$\begin{aligned}
\dot{V} &= \dot{V}_R + \dot{V}_L \\
&= ZI \angle \theta
\end{aligned} \tag{3.47}$$

3.8 直列回路

となる．電圧と電流の関係を図3.22に，フェーザ表示を図3.23に示す．ただし，Zは回路のインピーダンス，θは電圧と電流の位相差であり

$$Z = \sqrt{R^2 + (\omega L)^2}$$
$$\theta = \tan^{-1} \frac{\omega L}{R} \tag{3.48}$$

となる．

Zを複素数表示すると

$$\begin{aligned} \dot{Z} &= R + j\omega L \\ &= R + jX_L \end{aligned} \tag{3.49}$$

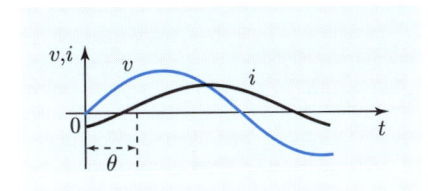

図3.22 *R-L* 直列回路の電圧と電流の関係

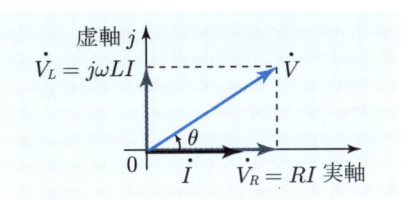

図3.23 *R-L* 直列回路の電圧と電流のフェーザ表示

3.8.2 *R-C* 直列回路

正弦波交流電源に抵抗 R とコンデンサ C を直列接続する．図3.24に回路図を示す．R と C に流れる電流は電源を出発する電流と同じであるので，R と C に加わる電圧は

$$v_R = RI_m \sin \omega t \tag{3.50}$$

$$\begin{aligned} v_C &= \tfrac{1}{C} \int I_m \sin \omega t\, dt = -\tfrac{I_m}{\omega C} \cos \omega t \\ &= \tfrac{I_m}{\omega C} \sin(\omega t - \tfrac{\pi}{2}) \end{aligned} \tag{3.51}$$

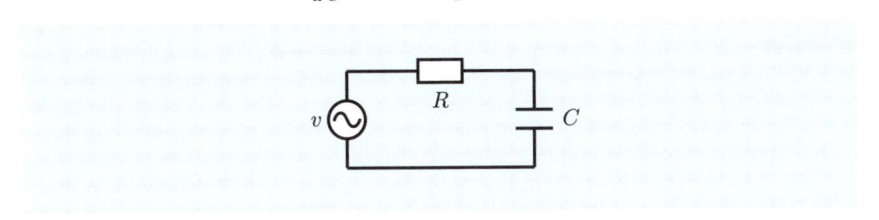

図3.24 *R-C* 直列回路

これをフェーザ表示すると

$$\begin{aligned} \dot{V}_R &= RI\angle 0 \\ \dot{V}_C &= \tfrac{1}{\omega C}I\angle\left(-\tfrac{\pi}{2}\right) \end{aligned} \quad (3.52)$$

したがって回路全体に加わる電圧 $\dot{V}$ は

$$\dot{V} = \dot{V}_R + \dot{V}_C = ZI\angle\theta \quad (3.53)$$

となる．電圧と電流の関係を図3.25に，フェーザ表示を図3.26に示す．ただし，Z は回路のインピーダンス，θ は電圧と電流の位相差であり

$$Z = \sqrt{R^2 + \tfrac{1}{(\omega C)^2}}, \quad \theta = -\tan^{-1}\tfrac{1}{\omega CR} \quad (3.54)$$

Z を複素数表示すると次のようになる．

$$\begin{aligned} \dot{Z} &= R + \tfrac{1}{j\omega C} = R + \tfrac{1}{jX_C} \\ &= R - j\tfrac{1}{X_C} \end{aligned} \quad (3.55)$$

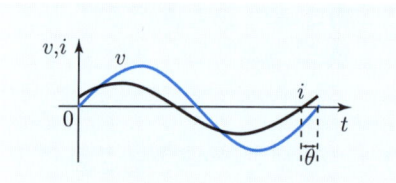

図3.25 *R-C* 直列回路の電圧と電流の関係

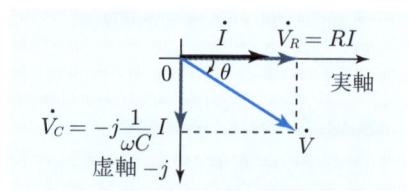

図3.26 *R-C* 直列回路の電圧と電流のフェーザ表示

3.8.3 *R-L-C* 直列回路

正弦波交流電源に抵抗 R，コイル L そしてコンデンサ C を直列接続する．図3.27に回路図を示す．R, L, C に流れる電流は電源を出発する電流と同じであるので，R, L, C に加わる電圧は

$$v_R = RI_\mathrm{m}\sin\omega t \quad (3.56)$$

$$v_L = \omega L I_\mathrm{m}\sin(\omega t + \tfrac{\pi}{2}) \quad (3.57)$$

$$v_C = \tfrac{I_\mathrm{m}}{\omega C}\sin(\omega t - \tfrac{\pi}{2}) \quad (3.58)$$

3.8 直列回路

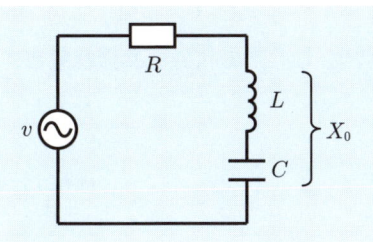

図3.27 *R-L-C* 直列回路

これをフェーザ表示すると

$$\dot{V}_R = RI\angle 0, \quad \dot{V}_L = \omega LI\angle \tfrac{\pi}{2}, \quad \dot{V}_C = \tfrac{1}{\omega C}I\angle(-\tfrac{\pi}{2})$$

したがって回路全体に加わる電圧 $\dot{V}$ は

$$\dot{V} = \dot{V}_R + \dot{V}_L + \dot{V}_C = ZI\angle\theta \tag{3.59}$$

となる．電圧と電流の関係を図3.28に，フェーザ表示を図3.29に示す．ただし，Z は回路のインピーダンス，θ は電圧と電流の位相差であり

$$Z = \sqrt{R^2 + (\omega L - \tfrac{1}{\omega C})^2}, \quad \theta = \tan^{-1}\frac{\omega L - \tfrac{1}{\omega C}}{R}$$

Z を複素数表示すると

$$\begin{aligned}\dot{Z} &= R + j(\omega L - \tfrac{1}{\omega C}) = R + j(X_L - X_C) \\ &= R + jX_0\end{aligned} \tag{3.60}$$

ただし，X_0 は回路全体のリアクタンスで

$$X_0 = X_L - X_C \tag{3.61}$$

となる．

つまり，X_0 の正負，つまり X_L と X_C の大小関係によって，電圧に対して電流が進むか遅れるかが変わり，Z が誘導性負荷（インダクタンス）か容量性負荷（キャパシタンス）に分かれる．

$X_0 > 0$	誘導性負荷
$X_0 = 0$	回路は抵抗負荷のみ
$X_0 < 0$	容量性負荷

ここで $X_0 = 0$ のとき,つまり $X_L = X_C$ のとき,回路のインピーダンス Z の大きさが最小となる.この状態を**共振状態**とよび,直列回路の場合は**直列共振**とよぶ.

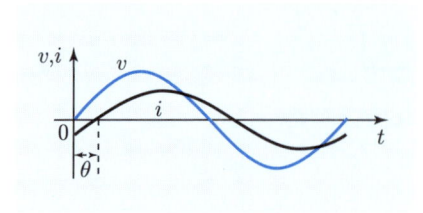

図3.28 R-L-C 直列回路の電圧と電流の関係

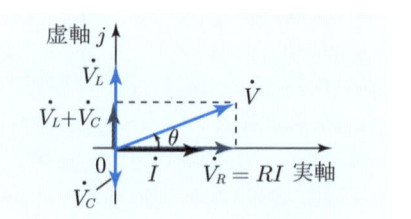

図3.29 R-L-C 直列回路の電圧と電流のフェーザ表示

例題3.4

R-L 直列回路がある.$R = 3\,[\Omega]$, $L = 100\,[\text{mH}]$ であるとき,

(1) 電源の角周波数 $\omega = 40\,[\text{rad/s}]$ のとき,回路のインピーダンス Z を求めよ.

(2) この回路にコンデンサを接続して電圧と電流の位相差をゼロにしたい.接続するコンデンサの大きさを求めよ.

【解答】 (1) 回路のインピーダンス Z は

$$Z = R + j\omega L = 3 + j40 \cdot 0.01 = 3 + j4 \qquad (3.62)$$

Z の大きさは $|3^2 + 4^2| = 5$ となる.

(2) 電圧と電流の位相差をゼロにするにはインピーダンスの虚軸成分をゼロにすればよい.(1) より,L による成分は $j4$ であるので,$4 = \frac{1}{\omega C}$ を満たす C を求めればよい.

$$C = \frac{1}{4 \cdot 40} = \frac{1}{160} \qquad (3.63)$$

3.9 並列回路

電源に素子を2つ以上並列接続した場合について考える．直列回路と同様にコイルとコンデンサは電圧と電流の位相が変化するため注意が必要である．並列回路においては各素子に加わる電圧が同じであるため，電圧を基準として考える．ここでは電源を正弦波交流電圧 $v = V_\mathrm{m} \sin \omega t$ とする．

3.9.1 R-L 並列回路

正弦波交流電源に R と L を並列接続する．図3.30に回路図を示す．R と L に加わる電圧は電源電圧と同じであるので，R と L に流れる電流はそれぞれ

$$
\begin{aligned}
i_R &= \tfrac{V_\mathrm{m}}{R} \sin \omega t \\
i_L &= \tfrac{1}{L} \int V_\mathrm{m} \sin \omega t\, dt = -\tfrac{1}{\omega L} V_\mathrm{m} \cos \omega t \\
&= \tfrac{1}{\omega L} V_\mathrm{m} \sin(\omega t - \tfrac{\pi}{2})
\end{aligned}
\tag{3.64}
$$

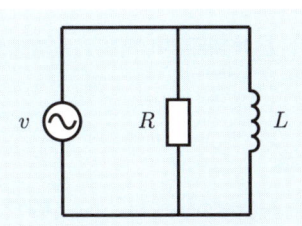

図3.30　R-L 並列回路

これをフェーザ表示すると

$$
\begin{aligned}
\dot{I}_R &= \tfrac{V}{R} \angle 0 \\
\dot{I}_L &= \tfrac{V}{\omega L} \angle (-\tfrac{\pi}{2})
\end{aligned}
\tag{3.65}
$$

したがって回路全体に流れる電流 $\dot{I}$ は

$$
\begin{aligned}
\dot{I} &= \dot{I}_R + \dot{I}_L \\
&= YV \angle \theta
\end{aligned}
\tag{3.66}
$$

となる．フェーザ表示を図3.31に示す．ただし，Y は回路のアドミタン

ス，θ は電流と電圧の位相差であり，電圧に対する電流の位相は

$$Y = \sqrt{\frac{1}{R^2} + \frac{1}{(\omega L)^2}}$$
$$\theta = -\tan^{-1}\frac{\frac{1}{\omega L}}{\frac{1}{R}} = -\tan^{-1}\frac{R}{\omega L} \tag{3.67}$$

となる．

$\dot{Y}$ を複素数表示すると

$$\begin{aligned}\dot{Y} &= \frac{1}{R} - j\frac{1}{\omega L} \\ &= \frac{1}{R} - j\frac{1}{X_L}\end{aligned} \tag{3.68}$$

となる．

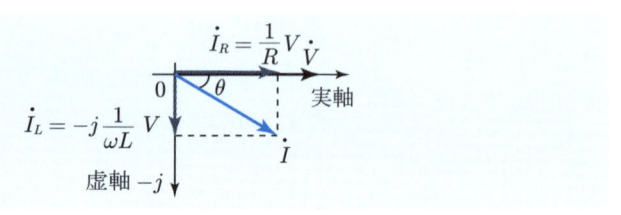

図 3.31 *R-L* 並列回路の電圧と電流のフェーザ表示

3.9.2 *R-C* 並列回路

正弦波交流電源に R と C を並列接続する．図 3.32 に回路図を示す．R と C に加わる電圧は電源電圧と同じであるので，R と C に流れる電流はそれぞれ

$$\begin{aligned}i_R &= \frac{V_\mathrm{m}}{R}\sin\omega t \\ i_C &= C\frac{d}{dt}V_\mathrm{m}\sin\omega t = \omega C V_\mathrm{m}\cos\omega t \\ &= \omega C V_\mathrm{m}\sin(\omega t + \tfrac{\pi}{2})\end{aligned} \tag{3.69}$$

これをフェーザ表示すると

$$\begin{aligned}\dot{I}_R &= \frac{V}{R}\angle 0 \\ \dot{I}_C &= \omega C V \angle \tfrac{\pi}{2}\end{aligned} \tag{3.70}$$

3.9 並列回路

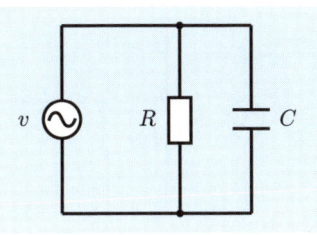

図3.32 *R-C* 並列回路

したがって回路全体に流れる電流 $\dot{I}$ は

$$\dot{I} = \dot{I}_R + \dot{I}_C$$
$$= YV\angle\theta \tag{3.71}$$

となる．フェーザ表示を図3.33に示す．ただし，Y は回路のアドミタンス，θ は電流と電圧の位相差であり，電圧に対する電流の位相は

$$Y = \sqrt{\frac{1}{R^2} + (\omega C)^2}$$
$$\theta = \tan^{-1}\frac{\omega C}{\frac{1}{R}} \tag{3.72}$$
$$= \tan^{-1}\omega CR$$

となる．
$\dot{Y}$ を複素数表示すると

$$\dot{Y} = \frac{1}{R} + j\omega C$$
$$= \frac{1}{R} + j\frac{1}{X_C} \tag{3.73}$$

となる．

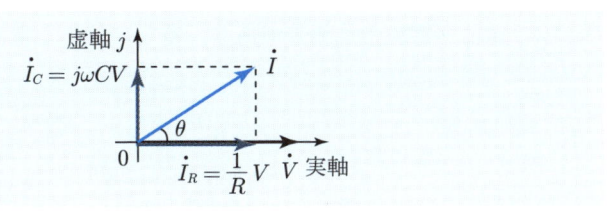

図3.33 *R-C* 並列回路のフェーザ表示

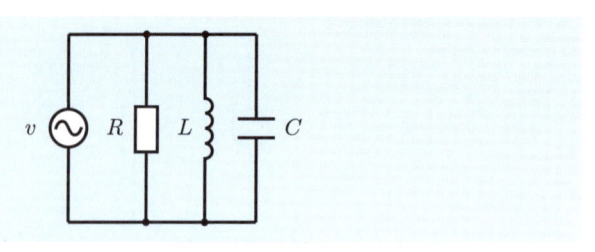

図3.34　*R-L-C* 並列回路

3.9.3　*R-L-C* 並列回路

正弦波交流電源に R, L そして C を並列接続する．R, L そして C に加わる電圧は電源電圧と同じであるので，R, L, C に流れる電流はそれぞれ

$$i_R = \tfrac{V_\mathrm{m}}{R} \sin \omega t$$
$$i_L = \tfrac{1}{\omega L} V_\mathrm{m} \sin(\omega t - \tfrac{\pi}{2}) \tag{3.74}$$
$$i_C = \omega C V_\mathrm{m} \sin(\omega t + \tfrac{\pi}{2})$$

これをフェーザ表示すると

$$\dot{I}_R = \tfrac{V}{R} \angle 0$$
$$\dot{I}_L = \tfrac{V}{\omega L} \angle (-\tfrac{\pi}{2}) \tag{3.75}$$
$$\dot{I}_C = \omega C V \angle \tfrac{\pi}{2}$$

したがって回路全体に流れる電流 $\dot{I}$ は

$$\dot{I} = \dot{I}_R + \dot{I}_L + \dot{I}_C$$
$$= YV \angle \theta \tag{3.76}$$

となる．フェーザ表示を図3.35に示す．ただし，Y は回路のアドミタンス，θ は電流と電圧の位相差であり，電圧に対する電流の位相は

$$Y = \sqrt{\tfrac{1}{R^2} + (\tfrac{1}{\omega L} - \omega C)^2} \tag{3.77}$$

$$\theta = \tan^{-1} \frac{\omega C - \tfrac{1}{\omega L}}{\tfrac{1}{R}} \tag{3.78}$$

となる．

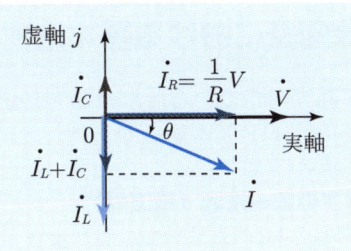

図3.35 *R-L-C* 並列回路のフェーザ表示

$\dot{Y}$ を複素数表示すると

$$\begin{aligned}\dot{Y} &= \tfrac{1}{R} + j(\omega C - \tfrac{1}{\omega L}) \\ &= \tfrac{1}{R} + j(\tfrac{1}{X_C} - \tfrac{1}{X_L}) \\ &= \tfrac{1}{R} + j\tfrac{X_0}{X_L X_C}\end{aligned} \qquad (3.79)$$

となる．

R-L-C 直列回路の場合と同様に X_0 の正負，つまり X_L と X_C の大小関係によって，アドミタンス Y の性質が変わり，電圧に対して電流が進むか遅れるかが変わる．

$X_0 < 0$	誘導性負荷
$X_0 = 0$	回路は抵抗負荷のみ
$X_0 > 0$	容量性負荷

ここで $X_0 = 0$ のとき，つまり $X_L = X_C$ のとき，回路のアドミタンス Y の大きさが最小となる．この状態を**共振状態**とよび，並列回路のときは**並列共振**とよぶ．

3.10 交流回路における基本法則

交流回路においても直流回路で学んだものと同じ法則が適用できる．ここでは交流回路でも適用できることを確認する．

3.10.1 キルヒホフの第一法則（電流則）

回路網にある任意の分岐点において流れ込む電流と流れ出る電流のベクトル和は等しくなる．しかし，直流の場合は代数和であるが，交流では時間とともに電流の大きさと向きが変化するため，ベクトル和となることに注意が必要である．

図 3.36 に示すように回路の分岐点に 5 本の導線が接続されていて，それぞれ $\dot{I}_1$ から $\dot{I}_5$ の電流が流れている．$\dot{I}_1, \dot{I}_3, \dot{I}_4$ が流れ込み，$\dot{I}_2, \dot{I}_5$ が流れ出ているとする．ただし，交流であるので時間とともに電流の向きは変化する．したがって，図 3.36 はある時刻 T においての電流の向きを示していると考えればよい．そのため，式 (2.1) と同様に

$$\dot{I}_1 + \dot{I}_3 + \dot{I}_4 = \dot{I}_2 + \dot{I}_5 \tag{3.80}$$

となる．

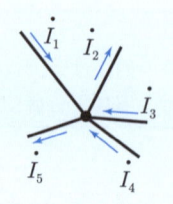

図 3.36 キルヒホフの第一法則（交流の場合）

3.10 交流回路における基本法則

3.10.2 キルヒホフの第二法則（電圧則）

　回路網の任意の閉回路について回路を一方向にたどるとき，回路中の電源の総和と負荷による電圧降下のベクトル和は等しくなる．電流の場合と違い，電源と電圧降下はベクトル量であることに注意する．また負荷 Z は抵抗，コイル，コンデンサから構成されている．よって，R, L, C が単独で存在するか，これらの組合せで複数存在していることになる．

　図3.37のような回路網があるとする．いまこの中で図の回路の電流ループについて時計回りに回路をたどる．電源の向き，抵抗を流れる電流の向きに注意して，電圧と電圧降下をたどると

$$\dot{V}_1 - \dot{Z}_1\dot{I}_1 - \dot{Z}_2\dot{I}_2 + \dot{Z}_3\dot{I}_3 - \dot{V}_2 + \dot{Z}_4\dot{I}_4 = 0 \tag{3.81}$$

となる．

　重ね合わせの理，鳳–テブナンの定理についても電圧，電流，負荷を代数でなくベクトルとして扱うことで直流回路での結論を拡張して適用できる．

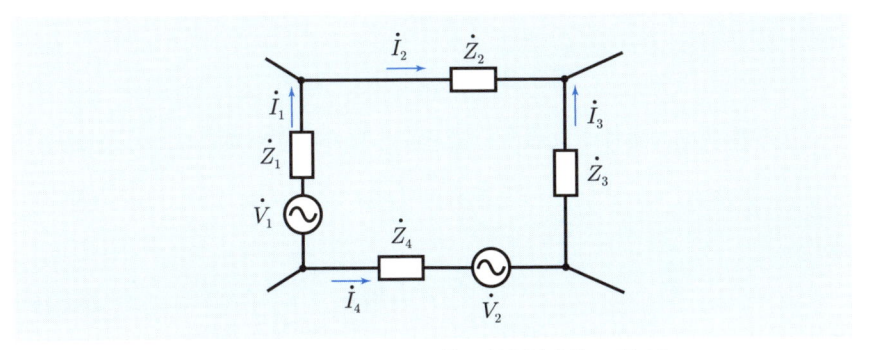

図3.37　キルヒホフの第二法則（交流の場合）

3.11 交流ブリッジ回路

図3.38のように4つの抵抗と電源を接続する．このような回路をブリッジ回路とよぶ．

端子 a-b 間に検流計 D を接続する．もし端子 a と b の電位が同じであれば回路の a-b 間に流れる電流はゼロとなり検流計の針は振れない．この状態をブリッジ回路の平衡状態とよぶ．

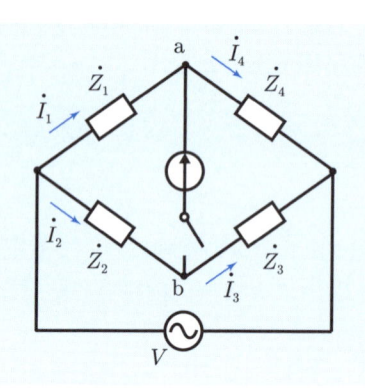

図3.38 交流ブリッジ回路

この平衡状態の条件を求める．端子 a と b の電位が同じであるので

$$\dot{I}_1 \dot{Z}_1 = \dot{I}_2 \dot{Z}_2 \tag{3.82}$$

かつ

$$\dot{I}_3 \dot{Z}_3 = \dot{I}_4 \dot{Z}_4 \tag{3.83}$$

また検流計に電流が流れないということは

$$\dot{I}_1 = \dot{I}_4, \quad \dot{I}_2 = \dot{I}_3 \tag{3.84}$$

よって，これらの式をまとめると

$$\dot{Z}_1 \dot{Z}_3 = \dot{Z}_2 \dot{Z}_4 \tag{3.85}$$

この関係を**交流ブリッジ回路の平衡条件**とよぶ．直流回路の場合は抵抗だけだが，Z には L と C が含まれるので，複素数となる点に注意が必要である．

3章の問題

☐ **3.1** インダクタンスが 4 mH のコイルがある．このコイルに周波数が 1 kHz の正弦波交流電圧を加えた場合の誘導リアクタンスを求めよ．

☐ **3.2** キャパシタンスが 100 μF のコンデンサがある．このコンデンサに周波数が 10 kHz の正弦波交流電圧を加えた場合の容量リアクタンスを求めよ．

☐ **3.3** 抵抗 $R = 4\ [\Omega]$ とコンデンサ $C = 500\ [\mu F]$ を直列に接続した負荷がある．
(1) 電源周波数が 1 kHz のとき，電圧と電流の位相差をゼロにするためにこの負荷にコイルを直列に接続する場合，そのコイルのインダクタンスの値を求めよ．
(2) 上の負荷に $L = 200\ [\mathrm{mH}]$ のコイルを接続する．電圧と電流の位相差がゼロになる電源の角周波数 [rad/s] を求めよ．

☐ **3.4** 抵抗 $R = 4\ [\Omega]$ とコイル $L = 3\ [\mathrm{mH}]$ を直列に接続した負荷がある．
(1) この負荷のフェーザ表示を書け．電源の周波数は 100 Hz とする．
(2) 電源の周波数が 3 倍になったとき，もしくは 3 分の 1 になったとき，負荷のフェーザ表示がどうなるか説明せよ．
(3) 電源電圧 $v(t) = 10 \sin 1000t$ [V] とする．上の負荷をつないだ場合の電流の値を求めよ．

☐ **3.5** 回路にある接点 P に 3 本の線が接続されている．2 本の線から接点に流れ込んでいる電流が $I_1 = 3 + j4$, $I_2 = 4 + j3$ のとき，もう 1 本の線の電流 I_3 はどのように流れているかを示せ．

☐ **3.6** 図1のような交流ブリッジ回路があるとする．いま，このブリッジ回路が平衡状態にあるとする．$Z_1 = R_1$, $Z_4 = R_4$，電源の角周波数 ω として，次の問に答えよ．
(1) Z_2 は抵抗 R_2 とコイル L_2 を直列に接続したもの，Z_3 は抵抗 R_3 とコイル L_3 を直列に接続したものである場合の平衡条件を求めよ．
(2) Z_2 は抵抗 R_2 とコンデンサ C_2 を直列に接続したもの，Z_3 は抵抗 R_3 とコンデンサ C_3 を直列に接続したものである場合の平衡条件を求めよ．

第 3 章 交流基本回路

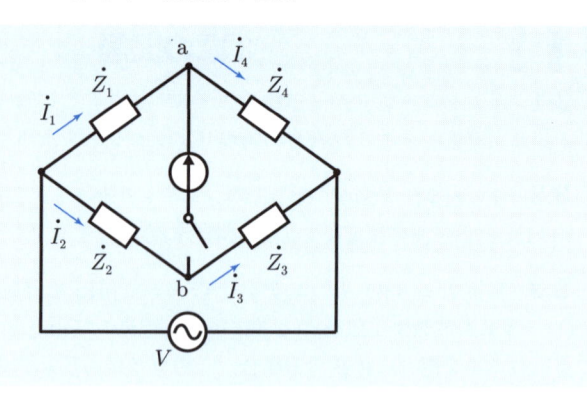

図 1

第4章

共振回路

　先に学んだようにコイルやコンデンサは電源の周波数によってインピーダンスが変化する．さらにコイルやコンデンサが組み合わされた回路においては，電源周波数により回路の性質が誘導性負荷，容量性負荷などに変化する．
　ここではコイルとコンデンサを含んだ回路の性質が周波数によってどのように変化するか，また共振状態になった場合の特徴について考える．

4.1 直列共振回路

図 4.1 のように交流電源に R, L, C が直列に接続されているとする．

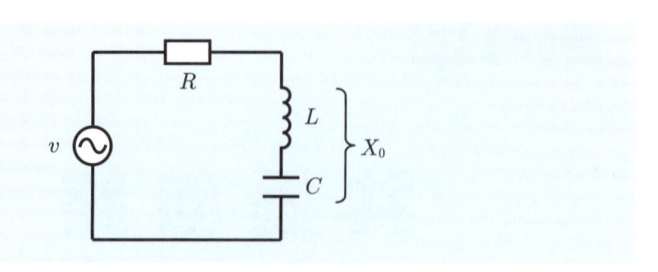

図 4.1 R-L-C 直列共振回路

この回路のインピーダンスおよび位相角は R-L-C 直列回路で学んだように（3.8.3 項参照）

$$Z = \sqrt{R^2 + (\omega L - \frac{1}{\omega C})^2}$$
$$\theta = \tan^{-1} \frac{\omega L - \frac{1}{\omega C}}{R}$$

インピーダンス Z を複素数表示すると

$$\dot{Z} = R + j(\omega L - \frac{1}{\omega C}) = R + j(X_L - X_C) = R + jX_0 \tag{4.1}$$

ここで式 (4.1) から L と C の**合成リアクタンス** X_0 は ω の関数であることが分かる．図 4.2 に電源周波数に対する X_L, X_C, X_0 の大きさの変化を示す．

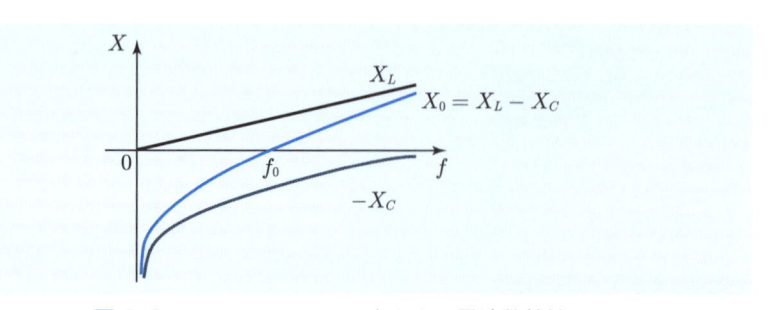

図 4.2 X_L, X_C, X_0 の大きさの周波数特性

4.1 直列共振回路

電源の角周波数 $\omega\ (=2\pi f)$，つまり周波数 f によって，合成リアクタンス X_0 が誘導性負荷にも容量性負荷にもなる．電源周波数 f が f_0 より小さい場合は合成リアクタンスが負になり容量性負荷となる．一方で，f が f_0 より大きい場合は合成リアクタンスが正になり誘導性負荷となる．

ここで X_0 がゼロになる電源周波数 f_0（角周波数 ω_0）を求める．このとき，$X_L = X_C$ であるので式 (4.1) から

$$\omega_0 L = \frac{1}{\omega_0 C} \tag{4.2}$$

$$\omega_0^2 = \frac{1}{LC} \tag{4.3}$$

$$\omega_0 = 2\pi f_0 = \frac{1}{\sqrt{LC}} \tag{4.4}$$

よって

$$f_0 = \frac{1}{2\pi\sqrt{LC}} \tag{4.5}$$

この周波数 f_0 を**共振周波数**とよぶ．ここで，回路のインピーダンス Z の周波数特性は図4.3（大きさ），図4.4（位相角）のようになる．電源周波数が共振周波数と同じであるとき，合成リアクタンス $X_0 = 0$ となるので，Z の大きさは最小となり，抵抗値 R と一致し，電流値が最大値 $i_{\max} = \frac{v}{R}$ となる．また，位相角 $\theta = 0$ となり，回路の電圧と電流の位相が一致する．この状態を**直列共振**とよぶ．

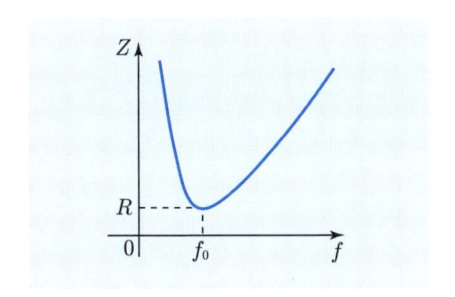

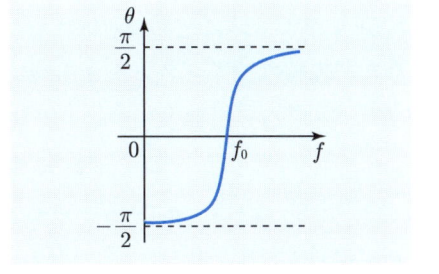

図4.3 Z の大きさの周波数特性 　　　**図4.4** Z の位相角の周波数特性

直列共振状態で回路に起こっていることについて考える．電源電圧を $\dot{V}$，回路の R, L, C に加わる電圧をそれぞれ $\dot{V}_R, \dot{V}_L, \dot{V}_C$ とする．回路に流れる電流を $\dot{I}$ とすると

$$\dot{V}_R = R\dot{I}$$
$$\dot{V}_L = j\omega_0 L\dot{I} \quad (4.6)$$
$$\dot{V}_C = -j\frac{1}{\omega_0 C}\dot{I} = -j\omega_0 L\dot{I} = -\dot{V}_L$$

となる．つまり，$\dot{V}_L$ と $\dot{V}_C$ は位相が π [rad] ずれるので，お互いに打ち消すことになり，電源電圧 $\dot{V}$ と $\dot{V}_R$ は等しくなる．

$\dot{V}_R$, $\dot{V}_L$, $\dot{V}_C$ のベクトルの関係は図4.5のようになる．

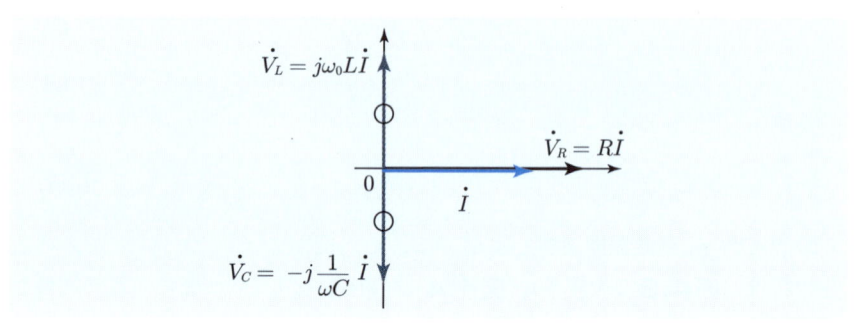

図4.5 直列共振状態における各電圧のフェーザ表示

次に直列共振状態の電流値について考える．図4.6に回路に流れる電流の大きさの周波数特性を示す．この曲線を**共振曲線**とよぶ．共振状態のとき，電流が最大となる．ここで，共振曲線の鋭さを表す指標を **Q 値**とよぶ．抵抗値 R が大きいほど共振曲線はなだらかになり，R が小さいほど鋭くなる．また共振時のリアクタンス $X_{L0} = X_{C0}$ が小さいほど共振曲線はなだらかになり，大きいほど鋭くなる．よって，Q 値は次式で定義される．

$$Q = \frac{\omega_0 L}{R} = \frac{1}{\omega_0 C R} \quad (4.7)$$

ここで Q 値の表す別の意味を考える．式 (4.6) より L, C に加わる電圧と R に加わる電圧の比は

$$\frac{|V_L|}{|V_R|} = \frac{\omega_0 L}{R} = \frac{1}{\omega_0 C R} = \frac{|V_C|}{|V_R|} = Q \quad (4.8)$$

となる．つまり，Q 値の大きさは L, C に加わる電圧と R に加わる電圧の比となる．

一方で，共振曲線を測定し，そのグラフから Q 値を近似的に求めることも

ある．図 4.7 に Q 値の求め方を示す．共振時の電流 I_0 に対してその $\frac{1}{\sqrt{2}}$ 倍の値になる周波数をそれぞれ f_1, f_2 とすると

$$Q = \frac{f_0}{f_2 - f_1} \tag{4.9}$$

で求めることができる．

　直列共振状態では回路のリアクタンス成分がゼロになる．この状態では電源から供給されている電流は抵抗 R で消費される分だけであるが，コイルとコンデンサに流れる電流はお互いに位相が π [rad] ずれているので，値を打ち消し合っていることになる．ここでコイルとコンデンサに加わる電圧は抵抗に加わる電圧の Q 倍と非常に大きくなるが，お互いに位相が π [rad] ずれるので，回路全体では入力電圧は抵抗に加わる電圧と等しくなる．

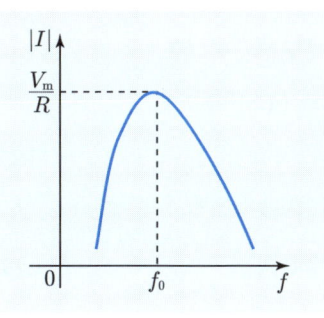

図 4.6　電流の周波数特性　　図 4.7　Q 値の求め方

直列共振回路の特徴を学ぶために下記の例題をとりあげる．

■ **例題 4.1** ■

　図 4.1 の回路において電源電圧の最大値が 10 V，抵抗値が 2 Ω，$Q = 100$ とする．共振状態においてコイルもしくはコンデンサに加わる電圧を求めよ．

【解答】　式 (4.8) より

$$|V_L| = |V_C| = Q|V_R| = 100 \cdot 10 = 1000 \text{ [V]} \tag{4.10}$$

よって，1 kV となる．

■ 例題4.2 ■

電源電圧の波高値（= 最大値）$V = 10\,[\text{V}]$，抵抗 $R = 1\,[\Omega]$，コイルのインダクタンス $L = 5\,[\text{mH}]$，キャパシタンス $C = 2\,[\mu\text{F}]$ の R-L-C 直列共振回路がある．この回路について
 (1) 共振周波数を求めよ．　(2) Q 値を求めよ．
 (3) コイル電圧の波高値の最大値を求めよ．

【解答】 (1) 共振周波数 f_0 は式 (4.5) より

$$f_0 = \frac{1}{2\pi\sqrt{LC}} = \frac{1}{2\pi\sqrt{5\times 10^{-3}\times 2\times 10^{-6}}}$$
$$= \frac{1}{2\pi\times 10^{-4}}\,[\text{Hz}] \tag{4.11}$$

(2) Q 値は式 (4.7) より

$$Q = \frac{\omega_0 L}{R} = \frac{2\pi f_0 L}{R} = \frac{10^4\times 5\times 10^{-3}}{1} = 50 \tag{4.12}$$

(3) コイルに加わる電圧の波高値 V_L は式 (4.8) より

$$V_L = Q|V_R| \tag{4.13}$$

$|V_R|$ は共振時に抵抗に加わる電圧で，電源電圧の波高値 10 V と等しい．よって

$$V_L = 50\times 10 = 500\,[\text{V}] \tag{4.14}$$

以上，直列共振回路が共振状態になったときの特徴をまとめると次のようになる．

回路のインピーダンスが最小になる

 コイルのインダクタンス L とコンデンサのキャパシタンス C のリアクタンス成分がお互いに打ち消されるため，インピーダンス成分が抵抗によるものだけになる．つまり，インピーダンス Z が最小になるので電源から供給される電流が最大になる．

電圧の増幅

 コイルやコンデンサに加わる最大電圧が抵抗に加わる電圧（= 電源電圧）の Q 倍となり，非常に大きくなる．ただし，コイルとコンデンサの電圧の位相が $\pi\,[\text{rad}]$ 違い，完全に打ち消されているため，電源電圧が大きくなっているわけではない．

4.2 並列共振回路

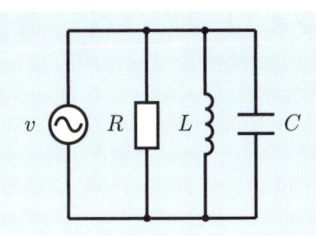

図4.8のように交流電源に R, L, C が並列に接続されているとする.

図4.8 R-L-C 並列共振回路

Y は回路のアドミタンス, θ は電流と電圧の位相差であり, 電圧に対する電流の位相は

$$Y = \sqrt{\frac{1}{R^2} + (\frac{1}{\omega L} - \omega C)^2}, \quad \theta = \tan^{-1} \frac{\omega C - \frac{1}{\omega L}}{\frac{1}{R}} \tag{4.15}$$

となる.

$\dot{Y}$ を複素数表現すると

$$\begin{aligned} \dot{Y} &= \frac{1}{R} + j(\omega C - \frac{1}{\omega L}) \\ &= \frac{1}{R} + j(\frac{1}{X_C} - \frac{1}{X_L}) \end{aligned} \tag{4.16}$$

となる.

電源の角周波数 ω ($= 2\pi f$), つまり周波数 f によって, アドミタンスの虚数部, つまりサセプタンスの符号が変わることになる.

$X_L = X_C$ の場合, 虚数部がゼロとなり, アドミタンスが最小となる. ここで

$$\dot{I} = \dot{Y}\dot{V} \tag{4.17}$$

であるので, 電圧が一定であると, 電流が最小値 $i_{\min} = \frac{v}{R}$ をとることになる. この状態を並列共振とよぶ. 並列共振の条件は

$$X_L = X_C$$

であるので, $\omega_0 L = \frac{1}{\omega_0 C}$ から

$$\omega_0 = 2\pi f_0 = \frac{1}{\sqrt{LC}} \tag{4.18}$$

よって

$$f_0 = \frac{1}{2\pi\sqrt{LC}} \tag{4.19}$$

ここで，回路のアドミタンス Y の周波数特性は図4.9（大きさ），図4.10（位相角）のようになる．電源周波数が共振周波数と同じであるとき，合成サセプタンス $Y_0 = 0$ となるので，Y の大きさは最小となり，抵抗値の逆数 $\frac{1}{R}$ と一致する．また，位相角 $\theta = 0$ となり，回路の電圧と電流の位相が一致する．

並列共振状態で回路に起こっていることについて考える．電源電流を $\dot{I}$，回路の R, L, C に加わる電流をそれぞれ $\dot{I}_R, \dot{I}_L, \dot{I}_C$ とする．回路に加わる電圧を $\dot{V}$ とすると

$$\begin{aligned}
\dot{I}_R &= \tfrac{1}{R}\dot{V} \\
\dot{I}_L &= -j\tfrac{1}{\omega_0 L}\dot{V} \\
\dot{I}_C &= j\omega_0 C \dot{V} = j\tfrac{1}{\omega_0 L}\dot{V} = -\dot{I}_L
\end{aligned} \tag{4.20}$$

となる．つまり，$\dot{I}_L$ と $\dot{I}_C$ は位相が π [rad] ずれるので，お互いに打ち消すことになり，電源電流 $\dot{I}$ と $\dot{I}_R$ は等しくなる．

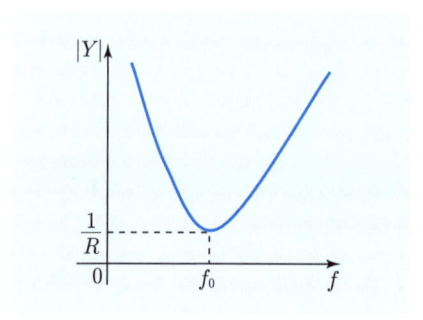

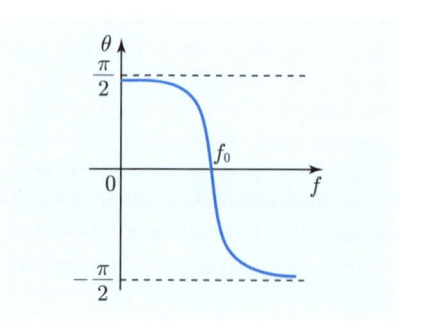

図4.9 Y の大きさの周波数特性　　**図4.10** Y の位相角の周波数特性

$\dot{I}_R, \dot{I}_L, \dot{I}_C$ のベクトルの関係は図4.11のようになる．

以上，並列共振回路が共振状態になったときの特徴をまとめると次のようになる．

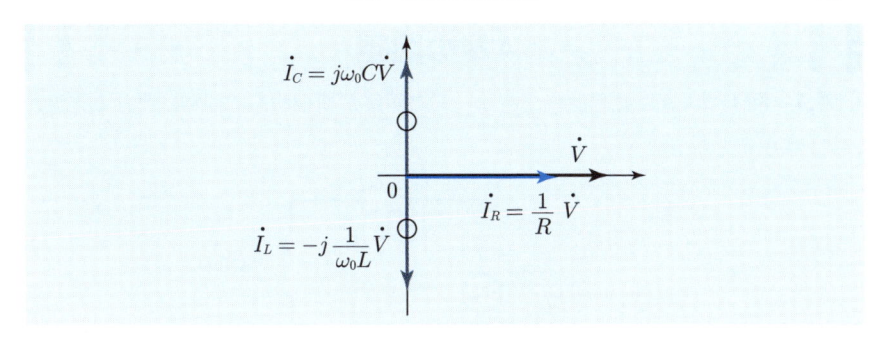

図4.11　並列共振における各電流のフェーザ表示

回路のアドミタンスが最小になる

コイルのインダクタンス L とコンデンサのキャパシタンス C のサセプタンス成分がお互いに打ち消されるため，アドミタンス成分が抵抗によるものだけになる．つまり，アドミタンス Y が最小になるので電源から供給される電圧が最大になる．逆にいうとインピーダンスが最大になり，電流が最小になる．

電流の増幅

コイルやコンデンサに流れる最大電流が抵抗に流れる電流（= 電源から供給される電流）の Q 倍となり，非常に大きくなる．ただし，コイルとコンデンサの電流の位相が π [rad] 違い，完全に打ち消されているため，電源から供給される電流が大きくなっているわけではない．

直列共振回路と並列共振回路の共振状態における特徴をまとめると次のようになる．

	直列共振回路	並列共振回路
回路のインピーダンス	最小	最大
回路のアドミタンス	最大	最小
回路に流れる電流	最大	最小
回路に加わる電圧	最小	最大
コイル・コンデンサにおける増幅作用	コイル・コンデンサ電圧が電源電圧の Q 倍に増幅	コイル・コンデンサ電流が電源電流の Q 倍に増幅

4章の問題

4.1 図1のような直列回路がある．この回路が共振状態で回路に流れる電流が 0.1 A であったとする．

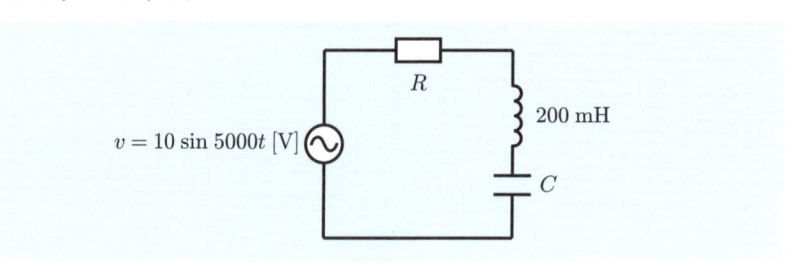

図1

(1) コンデンサ C のキャパシタンスを求めよ．
(2) 抵抗 R の値を求めよ．
(3) Q 値を求めよ．
(4) 共振時のコイルもしくはコンデンサの電圧を求めよ．
(5) いま抵抗 R の値を 10 倍にした．Q 値はどうなるか答えよ．

4.2 図2のような並列回路がある．いま電源の角周波数は ω とする．この回路が共振状態にある場合

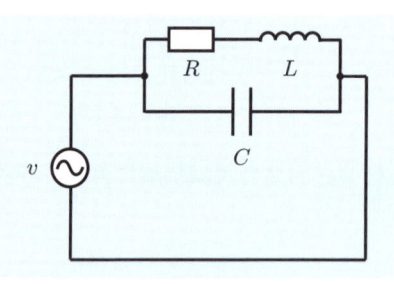

図2

(1) 回路のアドミタンスを求めよ．
(2) 電源周波数 ω を R, L, C を用いて表せ．

第5章

交流電力

　回路を流れる電流が直流の場合は電圧と電流に位相差がないため，電力の符号は一定であるが，交流の場合，電圧と電流に位相差が発生することがある．正弦波交流の場合，電圧と電流の位相が同じであれば電圧と電流の積の符号は常に一定であるが，位相がずれると，積の符号が入れ替わる，つまり電力が正になるときと負になるときが発生する．

　ここではこのような交流電力の性質について学ぶ．

5.1 有効電力

ある負荷に電圧 v が加わっており,流れている電流を i とすると負荷で消費される**瞬時電力** p は

$$p = vi \tag{5.1}$$

で表される.

いま,交流電源 $v = V_\mathrm{m} \sin \omega t$ に負荷を接続した場合,負荷で消費する電力について考える.ここで負荷が抵抗 R の抵抗負荷の場合,負荷に流れる電流は $i = \frac{V_\mathrm{m}}{R} \sin \omega t$ となる.よって瞬時電力は

$$\begin{aligned} p_R = vi &= \frac{V_\mathrm{m}^2}{R} \sin^2 \omega t \\ &= \frac{V_\mathrm{m}^2}{R} \frac{1 - \cos 2\omega t}{2} \end{aligned} \tag{5.2}$$

負荷が抵抗 R の場合の電圧,電流,そして電力の関係を**図5.1**に示す.

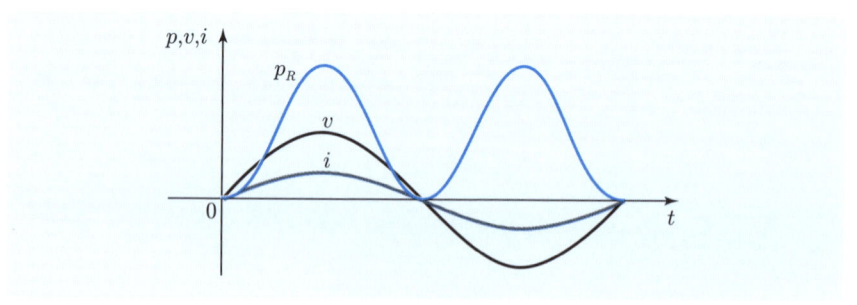

図5.1 抵抗負荷の場合の電圧,電流,電力

負荷が抵抗負荷のみの場合,電力は電圧や電流の2倍の周波数で変動し,かつ,常に正の値をとる.これは抵抗負荷で常にジュール熱になって電気エネルギーが有効に消費されていることを意味する.よって,これを**有効電力**とよぶ.有効電力の単位は W(ワット)であり,式 (1.4) の直流抵抗回路での消費電力と同様に表現できる.

5.2 無効電力

5.2.1 誘導性負荷のみの回路で消費される電力

次に負荷が誘導性負荷であるインダクタンス L [H] のコイルの場合，電流は交流基本回路で学んだ式 (3.32) と同様に $i = -\frac{V_\mathrm{m}}{\omega L}\cos\omega t$ となる．よって，瞬時電力は

$$
\begin{aligned}
p_L = vi &= -\frac{V_\mathrm{m}^2}{\omega L}\sin\omega t \cos\omega t \\
&= -\frac{V_\mathrm{m}^2}{\omega L}\frac{\sin 2\omega t}{2}
\end{aligned}
\tag{5.3}
$$

負荷が誘導性負荷の場合の電圧，電流，そして電力の関係を図5.2に示す．

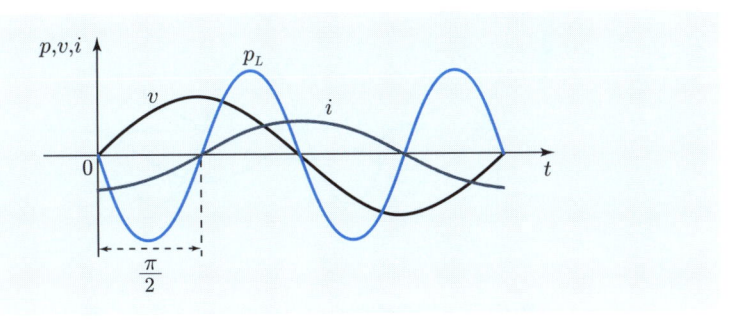

図5.2 誘導性負荷の場合の電圧，電流，電力

負荷が誘導性負荷のみの場合の電力をみると，周期は抵抗負荷の場合と同じく電源の2倍の周波数であるが，電力は正と負の値を交互にとっていることが分かる．つまり，正のときはコイルに電力が電源から投入されており，負のときは電力がコイルから電源に戻されていることになる．よって，エネルギーの出入りが繰り返されているにすぎず，エネルギーが有効に用いられていない．つまり無効になっているといえる．これを**無効電力**とよぶ．無効電力の単位は var（バー）である．

5.2.2 容量性負荷のみの回路で消費される電力

次に負荷が容量性負荷であるキャパシタンス C [F] のコンデンサの場合，電流は交流基本回路で学んだ式 (3.37) と同様に

$$i = V_\mathrm{m}\omega C \cos\omega t$$

となる．よって，瞬時電力は

$$\begin{aligned}p_C = vi &= V_\mathrm{m}^2 \omega C \sin\omega t \cos\omega t \\ &= V_\mathrm{m}^2 \omega C \frac{\sin 2\omega t}{2}\end{aligned} \quad (5.4)$$

負荷が C の場合について電圧，電流，そして電力の関係を図5.3に示す．

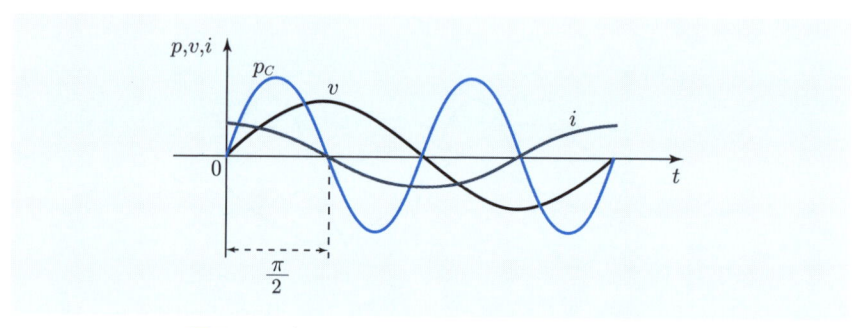

図5.3 容量性負荷の場合の電圧，電流，電力

負荷が容量性負荷の場合の電力をみると，周期は抵抗負荷の場合と同じであるが，電力は正と負の値を交互にとっていることが分かる．この性質は誘導性負荷と同じであるが，位相が π [rad] ずれている．正のときはコンデンサに電力が電源から投入されており，負のときは電力がコンデンサから電源に戻されていることになる．誘導性負荷の場合と同様に，エネルギーの出入りが繰り返されているにすぎず，エネルギーが有効に用いられていない，無効電力になっている．

5.3 力率，皮相電力

5.3.1 一般の負荷での電力

次に交流電源に負荷 Z が接続されている回路を考える．負荷は抵抗，コイル，コンデンサが組み合わされて構成されている．つまり位相を θ とすると

$$\dot{Z} = Z\angle\theta \tag{5.5}$$

抵抗のみが有効電力，コイルもしくはコンデンサのみが無効電力であるので，一般の負荷はこれらが両方存在することが予想できる．

電源電圧を $v = V_\mathrm{m}\sin\omega t$ とすると電流は $i = I_\mathrm{m}\sin(\omega t - \theta)$ （ただし $I_\mathrm{m} = \frac{V_\mathrm{m}}{Z}$，$\theta$ は v と i の位相差）となる．よって，瞬時電力は

$$\begin{aligned}
p = vi &= V_\mathrm{m}I_\mathrm{m}\sin\omega t\sin(\omega t - \theta) \\
&= -\tfrac{V_\mathrm{m}I_\mathrm{m}}{2}\{\cos(2\omega t - \theta) - \cos\theta\} \\
&= -\tfrac{V_\mathrm{m}I_\mathrm{m}}{2}(\cos 2\omega t\cos\theta + \sin 2\omega t\sin\theta - \cos\theta) \\
&= \tfrac{V_\mathrm{m}I_\mathrm{m}}{2}(1 - \cos 2\omega t)\cos\theta - \tfrac{V_\mathrm{m}I_\mathrm{m}}{2}\sin 2\omega t\sin\theta
\end{aligned} \tag{5.6}$$

となる．図5.4に瞬時電力を示す．

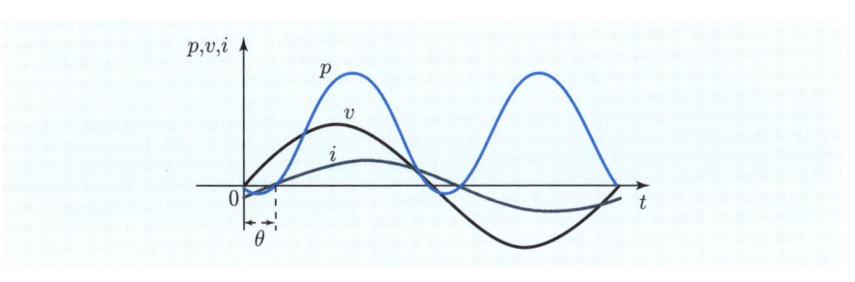

図5.4　一般の負荷の場合の電圧，電流，電力

ここで，$\frac{V_\mathrm{m}I_\mathrm{m}}{2}(1 - \cos 2\omega t)$ は式 (5.2) に示した抵抗で有効に消費されるエネルギーと同じ形になる．これを有効電力の瞬時値 p_a とする．また，第二項の $\frac{V_\mathrm{m}I_\mathrm{m}}{2}\sin 2\omega t\sin\theta$ は式 (5.3) に示したコイルに出入りを繰り返す無効なエネルギーと同じ形になる．つまりこれを無効電力の瞬時値 q とする．

有効電力について平均値を求めると

$$\frac{1}{2\pi}\int_0^{2\pi} pd\omega t = \frac{1}{2\pi}\int_0^{2\pi} \frac{V_m I_m}{2}\cos\theta(1-\cos 2\omega t)d\omega t$$
$$= \frac{V_m I_m}{2}\cos\theta \tag{5.7}$$

無効電力の平均値は

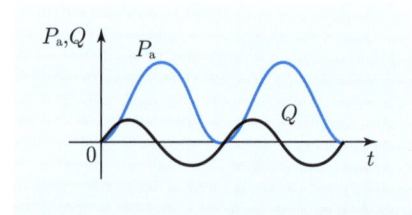

$$\frac{1}{2\pi}\int_0^{2\pi} qd\omega t = \frac{1}{2\pi}\int_0^{2\pi} \frac{V_m I_m}{2}\sin\theta\sin 2\omega t d\omega t$$
$$= 0 \tag{5.8}$$

となる（cos と sin の平均値はゼロになるので）．

図 5.5 に有効電力 P_a [W] と無効電力 Q [var] の瞬時値を，図 5.6 に電力のフェーザ表示を示す．ここで回路に加えられる電力 P を

$$P = \frac{V_m I_m}{2}$$
$$= VI \tag{5.9}$$

とする（ただし，V, I は電圧，電流の実効値）．この電力は**皮相電力**とよばれる．皮相電力の単位は電圧と電流を合わせた VA（ボルトアンペア）となる．

図 5.5　有効電力と無効電力の関係　　図 5.6　電力のフェーザ表示

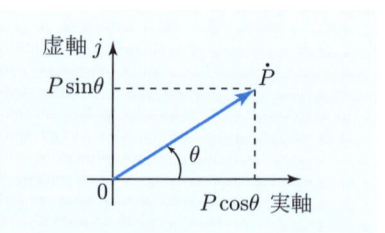

有効電力を P_a [W]，無効電力を Q [var] とすると，皮相電力 P [VA] は

$$P_a = P\cos\theta$$
$$Q = P\sin\theta \tag{5.10}$$
$$P = \sqrt{P_a^2 + Q^2}$$

電圧と電流の位相差 θ を**力率角**とよぶ．また，θ の余弦 $\cos\theta$ を**力率**とよぶ．つまり皮相電力に力率を乗じたものが有効電力となる．

5.3 力率，皮相電力

力率が大きい，つまり1に近いほど皮相電力に占める有効電力の割合が大きくなり，力率が小さいと無効電力が大きくなる．負荷が抵抗のみの場合は $\theta = 0$ で $\cos 0 = 1$ となるので，有効電力のみとなる．負荷が誘導性負荷，容量性負荷の場合は $\theta = \pm\frac{\pi}{2}$ で $\cos(\pm\frac{\pi}{2}) = 0$ となり，無効電力のみとなる．また，直列共振回路や並列共振回路においての共振時に見られる，インダクタンスとキャパシタンスが打ち消し合う場合でも有効電力のみとなる．

また，電力を複素数表示すると

$$\dot{P} = P_a + jQ \tag{5.11}$$

となる．

■ 例題5.1 ■

ある回路で消費される皮相電力が 200 VA であるとする．この回路の力率角が $\frac{\pi}{6}$ であるとき，有効電力と無効電力を求めよ．

【解答】 皮相電力を P とし，力率角を θ とすると式 (5.10) より

$$\text{有効電力} \quad P\cos\theta = 200\cos\tfrac{\pi}{6}$$
$$= 100\sqrt{3} \, [\text{W}]$$
$$\text{無効電力} \quad P\sin\theta = 200\sin\tfrac{\pi}{6}$$
$$= 100 \, [\text{var}]$$

となる． ■

■ 例題5.2 ■

ある回路で消費される皮相電力が 120 VA であるとする．この回路で消費される有効電力が 60 W のとき，この回路の力率および力率角を求めよ．

【解答】 式 (5.10) より有効電力 $P_a = P\cos\theta$ である．いま $P_a = 60, P = 120$ であるので，力率 $\cos\theta = \frac{60}{120} = \frac{1}{2}$ となる．これより力率角は $\frac{\pi}{3}$ [rad] となる． ■

● 電力の貯蔵 ●

　真夏の昼間などで電力需要が非常に大きくなり，電力供給が逼迫すると節電がよびかけられる．一方で電力供給に余裕がある夜はそのようなことはない．夜に余っている発電機を使って電気を蓄えておくことができればよいが，交流電力を電気エネルギーの形で蓄えることはできない．もちろん，携帯電話やパソコン，自動車などのバッテリーで電池が使われているが，電池は電気を化学エネルギーの形で蓄えているため

- エネルギーの貯蔵，放出が化学反応のスピードで制限される
- 寿命があるため，定期的な交換，保守が必要
- 大電力の貯蔵には向かない

といったデメリットがある．

　しかし，近年のパワーエレクトロニクス技術の進歩により，直流電力から交流電力への変換が可能となった．これにより，電力を直流の電気エネルギーで貯蔵することの有用性が出てきた．

　すでに学んだようにコイル L に電流 I を流すことで

$$W = \frac{1}{2}LI^2$$

のエネルギーを貯蔵することができる．ここでコイルのインダクタンス L はコイルの形状や巻数によって決まるため，大きくするのに限界があるが，超電導コイルを用いることで，コイルに流れる電流 I を非常に大きくできる．このシステムは SMES (Superconducting Magnetic Enery Storage) とよばれ，研究がおこなわれている．

　また，コンデンサについてはキャパシタンス C のコンデンサに電圧 V を加えることで

$$W = \frac{1}{2}CV^2$$

のエネルギーを蓄えることができる．従来のコンデンサのキャパシタンスは非常に小さいものであったが，電気二重層コンデンサの出現により，キャパシタンスが飛躍的に増加した．これを用いて電気自動車に使うエネルギーを貯蔵することが検討されている．

　このように電力の貯蔵が，いま最も解決が求められている問題の一つなのである．

5章の問題

☐ **5.1** 電源電圧
$$v = V_\mathrm{m} \sin \omega t$$
に負荷を接続する．
(1) 負荷が抵抗 R のとき，力率，有効電力，無効電力および皮相電力を求めよ．
(2) 負荷がコイルでインダクタンスの値が L のとき，力率，有効電力，無効電力および皮相電力を求めよ．
(3) 負荷がコンデンサでキャパシタンスの値が C のとき，力率，有効電力，無効電力および皮相電力を求めよ．

☐ **5.2** 抵抗とコイルが直列接続された負荷がある．電源の角周波数 $\omega = 2000$ [rad/s]，抵抗 $R = 2\,[\Omega]$，コイル $L = \sqrt{3}\,[\mathrm{mH}]$ のとき
(1) 力率，有効電力，無効電力および皮相電力を求めよ．
(2) この回路の力率を 1 にしたいとき，どのようにすればよいか説明せよ．

第6章

過渡現象

　直流回路は一定の電圧が加わり，電流が流れるという条件を用いていた．これを**定常状態**とよぶ．しかし，コイルやコンデンサを用いた回路においてはすぐには定常状態にはならず，定常状態になるまで回路状態が変化する．例えば，L や C が入った回路ではスイッチを ON にして回路を電源に接続した後，電圧や電流が一定になるまでに，ある程度の時間がかかる．逆にスイッチを OFF にして回路を電源から切り離しても，すぐに回路の電圧，電流がゼロになるわけではない．この回路の状態が変化していることを**過渡現象**とよぶ．ここではいくつかの回路について，過渡現象がどのようなものか学ぶ．

6.1 R-L 直列回路の過渡現象

いま，図6.1のように直流電源 V にスイッチを通して抵抗 R とコイル L が直列に接続されている．時刻 $t = 0$ において回路のスイッチを ON にする．それ以前は電源と R, L は接続されていない．つまり初期電流はゼロである．

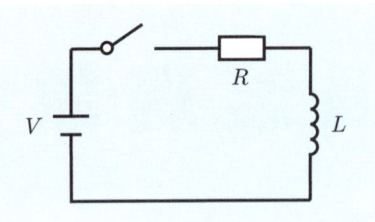

図6.1 スイッチを伴う **R-L** 直列回路

この回路に過渡状態で流れる電流 $i(t)$ を求める．まずこの回路について電圧方程式を立てる．

$$L\frac{di}{dt} + Ri = V \tag{6.1}$$

ここで1階微分方程式である式 (6.1) を解く．まず，右辺 $= 0$ としたときの解である**余関数** $i_c(t)$ を求める．

$$L\frac{di_c}{dt} + Ri_c = 0 \tag{6.2}$$

この微分方程式の解は微分しても関数の形が変わらないことが予想されるので i_C に e^{st} を代入する．

$$sLe^{st} + Re^{st} = 0 \tag{6.3}$$

この式の**特性方程式**は

$$sL + R = 0 \tag{6.4}$$

したがって

$$s = -\frac{R}{L} \tag{6.5}$$

となり，余関数 $i_c(t)$ は k を任意の定数として

$$i_c = ke^{-(R/L)t} \tag{6.6}$$

と求めることができる．ここで右辺 $= V$ である元の式 (6.1) の特解を求める．いま，電源電圧 V が直流であるので**特解** $i_p(t) = A$ とおく．A は定数である．式 (6.1) から

$$L\frac{d}{dt}A + RA = V$$
$$A = \frac{V}{R} \tag{6.7}$$

よって，式 (6.1) の**一般解**は

$$i = i_c + i_p$$
$$= ke^{-(R/L)t} + \frac{V}{R} \tag{6.8}$$

次に任意の定数 k を求める必要がある．この値は回路の初期電流から求めることができる．スイッチを入れる瞬間が $t = 0$ であるので，$i(0) = 0$ である．よって

$$i(0) = ke^{-(R/L)0} + \frac{V}{R} = 0$$
$$k = -\frac{V}{R} \tag{6.9}$$

となる．最終的な解は

$$i = -\frac{V}{R}e^{-(R/L)t} + \frac{V}{R}$$
$$= \frac{V}{R}\{1 - e^{-(R/L)t}\} \tag{6.10}$$

と求められる．

電流の時間変化を**図 6.2** に示す．定常状態では十分に時間が経過するので式 (6.10) の第二項の指数関数の部分はゼロとなる．つまり定常電流 $I = \frac{V}{R}$ となる．

物理的にある値が e^{-1} 倍になるまでにかかる時間を**時定数**とよぶ．式 (6.10) の第二項の指数関数の指数部分は $-\frac{R}{L}t$ であるので，時定数を τ [s] とすると

$$-\frac{R}{L}\tau = -1$$

$$\tau = \frac{L}{R} \tag{6.11}$$

となる．

ここで時定数について定性的に考えてみる．インダクタンス L が大きくなるとコイルに蓄えることのできるエネルギーが大きくなるので，定常状態に

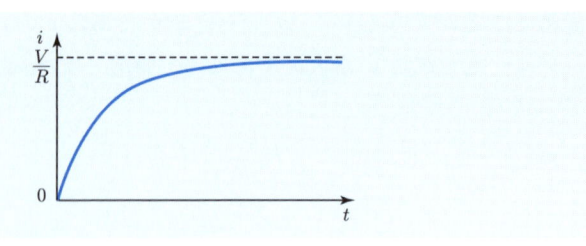

図6.2 **R-L** 直列回路の電流変化

なるまでの時間が長くなる．回路の抵抗値 R が大きい場合，回路の定常電流 $\frac{V}{R}$ が小さくなる．よって，定常状態になるまでの時間が短くなる．つまりこの時定数 $\tau = \frac{L}{R}$ が電流変化の速さ，ゆるやかさを決める指標となる．

図6.3に L を変化させた場合，図6.4に R を変化させた場合の電流波形を示す．L が大きくなると電流の時間変化がゆるやかになり，R を大きくすると定常状態までの時間が短くなっていることが分かる．

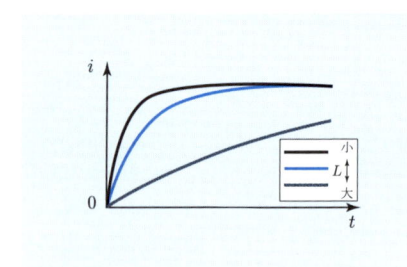

図6.3 L を変化させた場合の回路電流

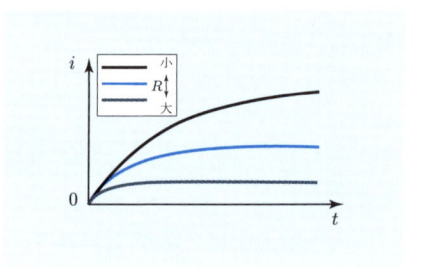

図6.4 R を変化させた場合の回路電流

6.2 R-C 直列回路の過渡現象

図6.5のように直流電源 V にスイッチを通して抵抗 R とコンデンサ C が直列に接続されている．時刻 $t=0$ において回路のスイッチを ON にする．それ以前は電源と R, C は接続されていない．つまり C に初期電荷は蓄えられていない．

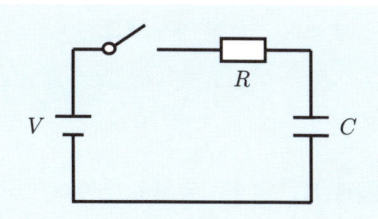

図6.5 スイッチを伴う *R-C* 直列回路

この回路に過渡状態で流れる電流 $i(t)$ を求める．まずこの回路について電圧方程式を立てる．

$$Ri + \frac{1}{C}\int_0^t i\,dt = V \tag{6.12}$$

ここで式 (6.12) の両辺を t で微分すると，1 階微分方程式の形になる．

$$R\frac{di}{dt} + \frac{1}{C}i = 0 \tag{6.13}$$

この式は先の *R-L* 直列回路と同様に解くことができる．式 (6.13) の余関数を $i_c(t)$ として，i に e^{st} を代入する．

$$sRe^{st} + \frac{1}{C}e^{st} = 0 \tag{6.14}$$

この式の特性方程式は

$$sR + \frac{1}{C} = 0 \tag{6.15}$$

したがって

$$s = -\frac{1}{CR} \tag{6.16}$$

となり，余関数 $i_c(t)$ は k を任意の定数として

$$i_c = ke^{-(1/CR)t} \tag{6.17}$$

と求めることができる．次に k を求める．回路の初期状態を考えると，C には $t=0$ において電荷は蓄えられておらず，コンデンサの初期電圧 $V_C(0)=0$ である．よって，初期電流 $i(0)=\frac{V}{R}$ となる．つまり

$$i(0)=ke^{-(1/CR)0}=\frac{V}{R}$$

$$k=\frac{V}{R} \tag{6.18}$$

なお，式 (6.13) の右辺はゼロであるため，余関数は一般解と同じになるので $i_c(t)=i(t)$ となる．よって，最終的な解は

$$i=\frac{V}{R}e^{-(1/CR)t} \tag{6.19}$$

となる．

電流の時間変化を図6.6に示す．定常状態では十分に時間が経過するので式 (6.19) の指数関数の部分はゼロとなる．つまり定常電流 $I=0$ となる．ここで R-L 直列回路と同じくこの回路の時定数を τ とすると

$$-\frac{1}{CR}\tau=-1$$

$$\tau=CR \tag{6.20}$$

となる．

ここで R-L 直列回路の場合と同様に R-C 直列回路についても時定数について定性的に考える．キャパシタンス C が大きくなるとコンデンサに蓄えることのできるエネルギー（電荷 Q）が大きくなるので，定常状態になるまでの時間が長くなる．回路の抵抗値 R が大きい場合，回路の初期電流 $\frac{V}{R}$ が小さくなる．よって，定常状態になるまでの時間が長くなる．ここでも時定数 $\tau=CR$ が電流変化のゆるやかさを決める指標となる．

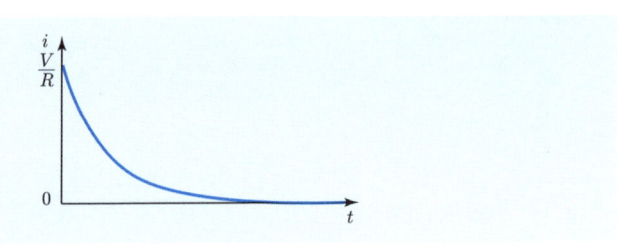

図6.6　R-C 直列回路の電流変化

6.2 R-C 直列回路の過渡現象

図6.7にCを変化させた場合，図6.8にRを変化させた場合の電流波形を示す．Cが大きくなると電流の時間変化がゆるやかになり，Rを大きくすると初期電流が小さくなり，定常状態までの時間が短くなっていることが分かる．

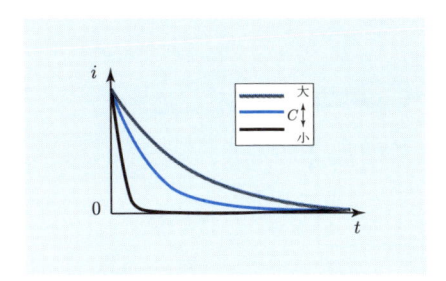

図6.7 C を変化させた場合の回路電流

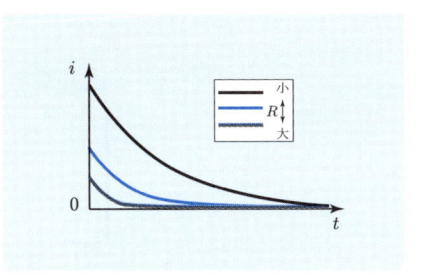

図6.8 R を変化させた場合の回路電流

■ 例題6.1 ■

(1) R-L 直列回路がある．$R = 4\,[\Omega]$, $L = 300\,[\text{mH}]$ であるとき，この回路の時定数を求めよ．

(2) R-C 直列回路がある．$R = 10\,[\Omega]$, $C = 50\,[\mu\text{F}]$ であるとき，この回路の時定数を求めよ．

【解答】 (1) R-L 直列回路の時定数は $\frac{L}{R}$ であるので

$$\frac{0.3}{4} = 0.075 \tag{6.21}$$

(2) R-C 直列回路の時定数は CR であるので

$$10 \cdot 50 \times 10^{-6} = 5 \times 10^{-4} \tag{6.22}$$

6.3　R-L-C 直列回路の過渡現象

いま，図6.9のように直流電源にスイッチを通して R と L と C が直列に接続されている．時刻 $t=0$ において回路のスイッチを ON にする．初期状態では R と L に電流は流れておらず，C に電荷は蓄えられていない．

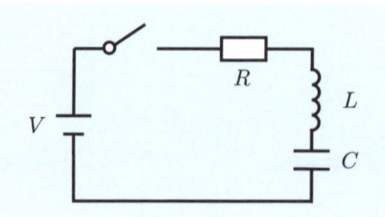

図6.9　スイッチを伴う R-L-C 直列回路

この回路に過渡状態で流れる電流 $i(t)$ を求める．まずこの回路について電圧方程式を立てる．

$$L\frac{di}{dt} + Ri + \frac{1}{C}\int_0^t i\,dt = V \tag{6.23}$$

ここで式 (6.23) の両辺を t で微分する．

$$L\frac{d^2 i}{dt^2} + R\frac{di}{dt} + \frac{1}{C}i = 0 \tag{6.24}$$

この式は2階微分方程式の形であるが，先の R-L, R-C 直列回路と同様に解くことができる．式 (6.24) の余関数を i_c として，i に e^{st} を代入する．

$$s^2 L e^{st} + sR e^{st} + \frac{1}{C} e^{st} = 0 \tag{6.25}$$

この式の特性方程式は

$$s^2 L + sR + \frac{1}{C} = 0 \tag{6.26}$$

となる．式 (6.26) を s について解くと

$$\begin{aligned}
s &= -\frac{R}{2L} \pm \sqrt{\left(\frac{R}{2L}\right)^2 - \frac{1}{LC}} \\
&= -a \pm \sqrt{D}
\end{aligned} \tag{6.27}$$

ただし，$a = \frac{R}{2L}$, $D = \left(\frac{R}{2L}\right)^2 - \frac{1}{LC}$ とする．ここで D の符号により場合分けを行う．

6.3 R-L-C 直列回路の過渡現象

〔$D > 0$ の場合〕 s は次の異なる 2 実解を持つ.

$$s_1 = -a + \sqrt{D}, \quad s_2 = -a - \sqrt{D} \tag{6.28}$$

よって，一般解は k_1, k_2 を定数として

$$i = k_1 e^{s_1 t} + k_2 e^{s_2 t} \tag{6.29}$$

ここで式 (6.23) の初期条件について考える．スイッチを入れる前に電流 i が流れていないので，$t = 0$ で $i = 0$ である．また，これを式 (6.23) に代入すると第 2 項と第 3 項はゼロになるので $\frac{di(0)}{dt} = \frac{V}{L}$ となる．

式 (6.29) に $i(0) = 0$ を代入して

$$0 = k_1 + k_2$$
$$k_1 = -k_2 \tag{6.30}$$

式 (6.29) に $\frac{di(0)}{dt} = \frac{V}{L}$ を代入して

$$k_1 s_1 + k_2 s_2 = \frac{V}{L}$$
$$k_1 (s_1 - s_2) = \frac{V}{L}$$
$$k_1 = \frac{V}{2L\sqrt{D}} \tag{6.31}$$

よって，解は

$$\begin{aligned} i = k_1 e^{s_1 t} + k_2 e^{s_2 t} &= \frac{V}{2L\sqrt{D}}(e^{s_1 t} - e^{s_2 t}) \\ &= \frac{V}{2L\sqrt{D}} e^{-at}(e^{\sqrt{D}} - e^{-\sqrt{D}}) \\ &= \frac{V}{L\sqrt{D}} e^{-at} \sinh \sqrt{D}\, t \end{aligned} \tag{6.32}$$

となる．

図 6.10 に電流の変化を示す．電流は一度増加し，その後，指数関数にしたがって減衰する．この状態を**過減衰**とよぶ．

ここで R と L と C の値が電流変化に与える影響について考える．図 6.11 に R を変化させた場合，図 6.12 に L を変化させた場合，図 6.13 に C を変化させた場合の電流波形を示す．

R を大きくするとスイッチ ON 後に流れる電流が妨げられるため，電流の最大値が減少することが分かる．L と C を大きくすると，スイッチ ON 後の電流の最大値が増加する．一方，L の大きさによって電流がゼロに収束す

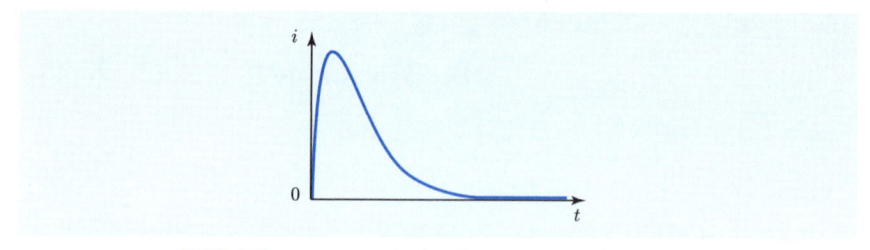

図6.10 *R-L-C* 直列回路の電流変化（過減衰）

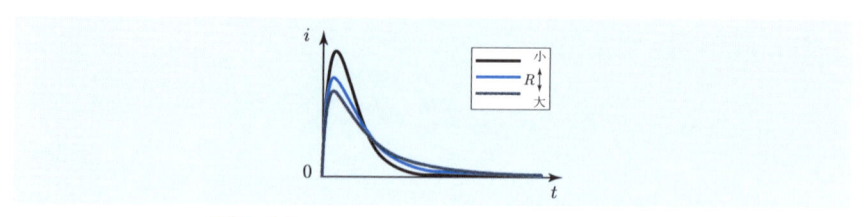

図6.11 R を変化させた場合の回路電流

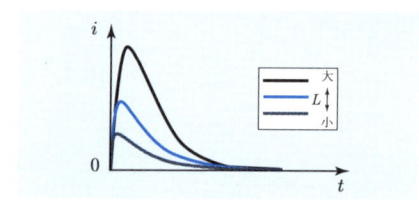

図6.12 L を変化させた場合の回路電流

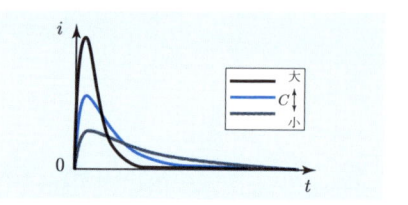

図6.13 C を変化させた場合の回路電流

る時間は変わらないが，C の大きさによって電流がゼロに収束する時間は大きく影響する．

〔$D = 0$ の場合〕 $s = -a$ となり，重解を持つ．ここで式 (6.24) は 2 階微分の式なので，定数を 2 つ設定しなければならない．よって，一般解は e^{-at} の定数（k_3）倍だけではなく，te^{-at} の定数（k_4）倍も必要となる．

$$i = k_3 e^{-at} + k_4 t e^{-at} \tag{6.33}$$

初期条件は $D > 0$ の場合と同じであるので，式 (6.33) に $i(0) = 0$ を代入して

6.3 R-L-C 直列回路の過渡現象

$$k_3 = 0 \tag{6.34}$$

式 (6.33) に $\frac{di(0)}{dt} = \frac{V}{L}$ を代入して

$$k_4 = \frac{V}{L} \tag{6.35}$$

よって，解は

$$i = \frac{V}{L}te^{-at} \tag{6.36}$$

となる．

図6.14に電流の変化を示す．過減衰と特性は似ており，電流は一度増加し，その後，時間の一次関数と指数関数の積にしたがって減衰する．この $D = 0$ の重解の状態は次の複素解との境界にあたるもので，**臨界減衰**とよばれる．

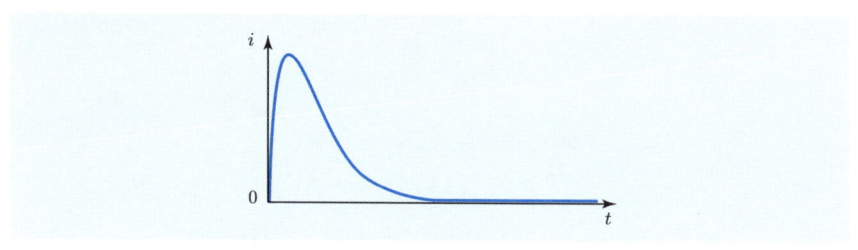

図6.14 *R-L-C* 回路の電流変化（臨界減衰）

ここで R と L の値が電流変化に与える影響について考える．C については臨界減衰の式 (6.36) に見かけ上入っていないので，ここでは省略する．

図6.15に R を変化させた場合，図6.16に L を変化させた場合の電流波形を示す．R を大きくするとスイッチ ON 後に流れる電流が妨げられるため，電流の最大値が減少することが分かる．L が大きくなるとコイルに電流が蓄えられる時間が長くなるため，電流が最大値になるまでの時間が長くなる，つまりグラフが右側にシフトする．ただし，電流の最大値は L によらず，一定となる．

〔$D < 0$ の場合〕 s は異なる 2 つの複素解を持つ．

$$s_1 = -a + j\sqrt{-D}, \quad s_2 = -a - j\sqrt{-D} \tag{6.37}$$

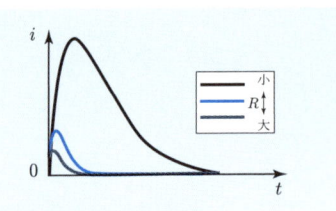

図6.15 R を変化させた場合の回路電流

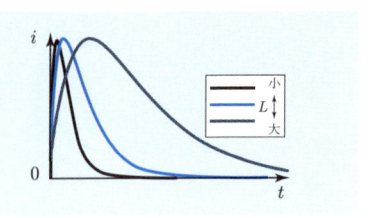

図6.16 L を変化させた場合の回路電流

よって，一般解は k_5, k_6 を定数として
$$i = k_5 e^{s_1 t} + k_6 e^{s_2 t} \tag{6.38}$$
$D > 0$ の場合と同様に定数 k_5, k_6 を求めると
$$\begin{aligned} k_5 &= \frac{V}{2jL\sqrt{-D}} \\ k_6 &= -k_5 \end{aligned} \tag{6.39}$$

よって，解は
$$\begin{aligned} i = k_5 e^{s_1 t} + k_6 e^{s_2 t} &= \frac{V}{2jL\sqrt{-D}}(e^{s_1 t} - e^{s_2 t}) \\ &= \frac{V}{2jL\sqrt{-D}} e^{-at}(e^{j\sqrt{-D}} - e^{-j\sqrt{-D}}) \\ &= \frac{V}{L\sqrt{-D}} e^{-at} \sin\sqrt{-D}\, t \end{aligned} \tag{6.40}$$

となる．

図6.17に電流の変化を示す．指数関数に正弦波の項が乗じられているので電流は振動しながら減衰する．この状態を**減衰振動**とよぶ．図中の破線は指数関数部である
$$i = \frac{V}{L\sqrt{-D}} e^{-at} \tag{6.41}$$
を示している．

ここで R と L と C の値が電流変化に与える影響について考える．図6.18に R を変化させた場合，図6.19に L を変化させた場合，図6.20に C を変化させた場合の電流波形を示す．

抵抗 R でエネルギーを消費するので，R が大きいほど電流の最大値は小さくなり，減衰も速くなる．L と C は最大電流の大きさや，振動周期に大きく影響する．

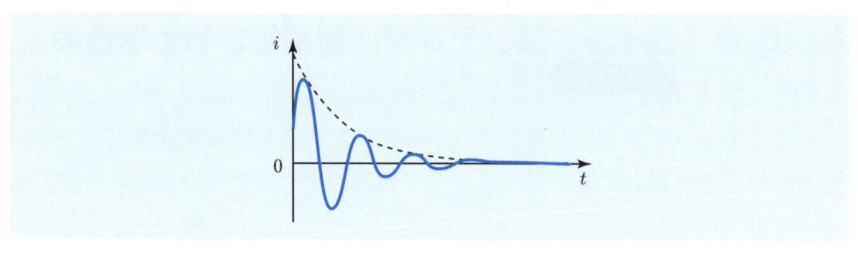

図6.17　*R-L-C* 回路の電流変化（減衰振動）

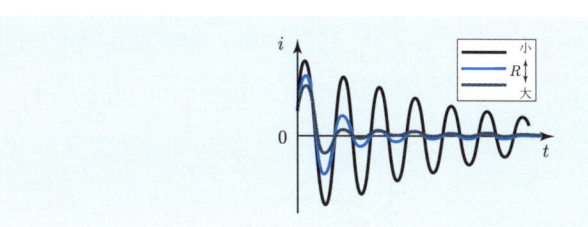

図6.18　*R* を変化させた場合の回路電流

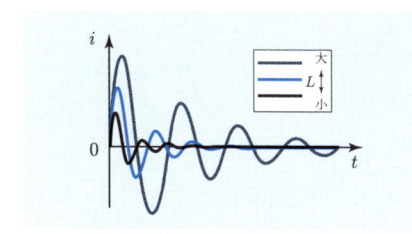

図6.19　*L* を変化させた場合の回路電流

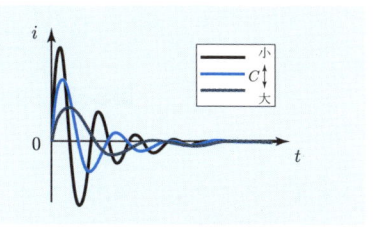

図6.20　*C* を変化させた場合の回路電流

6.4 コイル,コンデンサに初期値がある場合の過渡現象

いままではコイルやコンデンサに $t=0$ において電圧や電流がゼロ,つまり初期値がない場合であった.ここでは初期値がゼロでない場合について考える.

6.4.1 コイルに初期電流が流れている場合

図6.21の回路がある.スイッチを切り替えることによって,電源を R-L 直列負荷に接続するか(スイッチを端子1に入れる),R-L 直列負荷を抵抗に接続するか(スイッチを端子2に入れる),切り替えることができる.

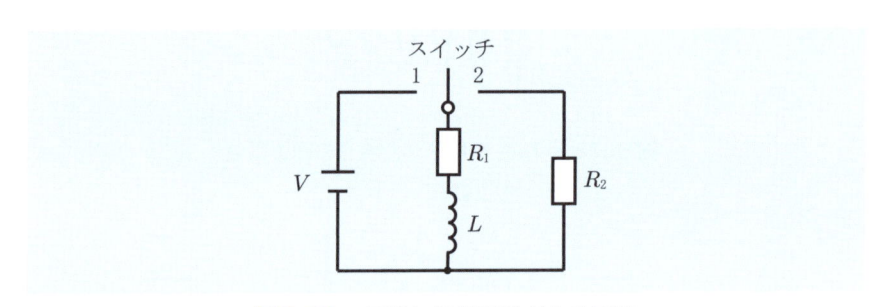

図6.21 回路に初期電流がある回路

まず,スイッチを端子1に入れて電源と R-L 直列負荷を接続する.回路の電圧方程式は

$$V = L\frac{di}{dt} + R_1 i \tag{6.42}$$

スイッチが入ってから十分に時間が経過し,電流変化が起こっていないとすると

$$V = R_1 i \tag{6.43}$$

よって,コイルに流れている電流(初期電流)は $i_{L0} = \frac{V}{R_1}$ となる.

いま初期電流が流れている状態で,$t=0$ においてスイッチを端子1から2に切り替えるとする.回路の電圧方程式は

$$L\frac{di}{dt} + R_1 i + R_2 i = 0 \tag{6.44}$$

6.4 コイル，コンデンサに初期値がある場合の過渡現象　**97**

この方程式は $R\text{-}L$ 直列回路の過渡現象で求めた (6.1) 式で電源電圧 $V = 0$ にしたものと同じであるので，一般解は

$$i = ke^{-\{(R_1+R_2)/L\}t} \tag{6.45}$$

次に任意の定数 k を求める必要がある．この値は回路の初期電流から求めることができる．スイッチを入れる瞬間が $t = 0$ であるので，$i(0) = \frac{V}{R_1}$ である．よって

$$i(0) = ke^{-\{(R_1+R_2)/L\}0} = \frac{V}{R_1}$$
$$k = \frac{V}{R_1} \tag{6.46}$$

となる．最終的な解は

$$i = \frac{V}{R_1}e^{-\{(R_1+R_2)/L\}t} \tag{6.47}$$

となる．

電流の変化を図 6.22 に示す．電流は初期値 $\frac{V}{R_1}$ からコイル L を通して抵抗で消費されるので，指数関数にしたがって減衰する．

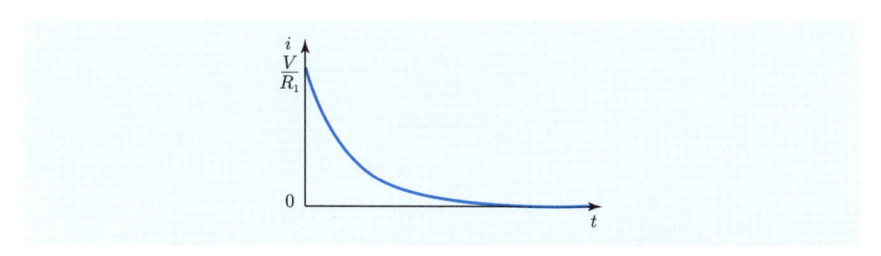

図 6.22　コイルに初期電流がある場合の電流変化

6.4.2　コンデンサに初期電荷がある場合

図 6.23 の回路がある．スイッチを切り替えることによって，電源をコンデンサ C に接続するか（スイッチを端子 1 に入れる），コンデンサを抵抗に接続するか（スイッチを端子 2 に入れる），切り替えることができる．

まず，スイッチを端子 1 に入れて電源とコンデンサに接続する．十分に時間が経過したとすると，コンデンサに加えられている電圧は V であるのでコンデンサに蓄えられる電荷 Q は

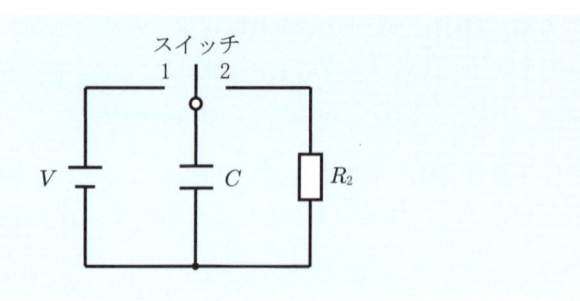

図6.23　回路に初期電圧がある回路

$$Q = CV \tag{6.48}$$

となる.

いま, $t=0$ においてスイッチを端子1から2に切り替えるとする. 回路の電圧方程式は

$$Ri + \tfrac{1}{C}\int i\,dt = 0 \tag{6.49}$$

両辺を微分すると, R-C 直列回路で求めた式 (6.13) と全く同じ式が得られる.

$$R\tfrac{di}{dt} + \tfrac{1}{C}i = 0 \tag{6.50}$$

この一般解は R-C 直列回路の結果と同様に

$$i = ke^{-(1/CR)t} \tag{6.51}$$

と求めることができる.

次に k を求める. 初期電流 $i(0)$ を求めると, C には $t=0$ において電荷が $Q=CV$ 蓄えられており, 初期電圧 $V_C(0) = V$ である. よって, 初期電流 $i(0) = \tfrac{V}{R}$ となる. つまり

$$i(0) = ke^{-(1/CR)0} = \tfrac{V}{R}$$
$$k = \tfrac{V}{R} \tag{6.52}$$

よって, 最終的な解は

$$i = \tfrac{V}{R}e^{-(1/CR)t} \tag{6.53}$$

となる.

6.4 コイル，コンデンサに初期値がある場合の過渡現象

電流の変化を図6.24に示す．ここで式 (6.53) の形は R-C 直列回路の式 (6.19) と全く同じであるが，物理的な意味は全く違う．R-C 直列回路は電源に R-C 直列負荷が接続され，電流が流れることによって，コンデンサの電圧が上昇，同時に電源電圧とコンデンサの電圧の差が減少し，最終的にゼロになる．

一方，この回路はコンデンサで蓄えられた電荷により電流が流れ，その電流が抵抗で消費される．それに伴いコンデンサの電圧が減少，電流も減少して最後にはコンデンサの電荷がゼロになり電流もゼロになることを示している．

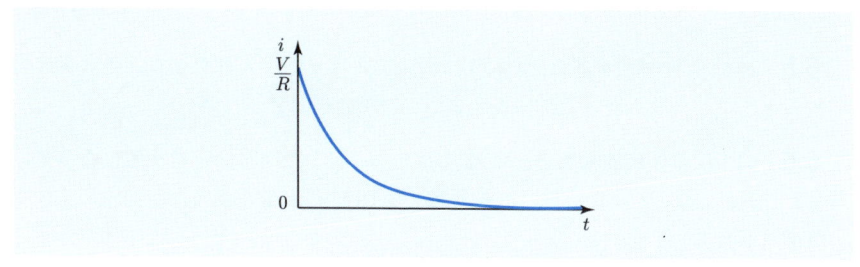

図6.24 コンデンサに初期電荷がある場合の電流変化

6章の問題

6.1 $R\text{-}L$ 直列回路がある．$R = 3\,[\Omega]$, $L = 100\,[\text{mH}]$ のとき，この回路の時定数を求めよ．

6.2 $R\text{-}C$ 直列回路がある．$R = 2\,[\Omega]$, $C = 50\,[\mu\text{F}]$ のとき，この回路の時定数を求めよ．

6.3 $R\text{-}L\text{-}C$ 直列回路があり，それぞれの素子の値が r, l, c であるとする．$t = 0$ において回路の電源を ON にする．流れる電流が周期的に振動しない条件を示せ．

6.4 $R\text{-}L$ 並列回路がある．$t = 0$ においてスイッチを入れたとき，各負荷に流れる電流がどうなるか定性的に答えよ．

6.5 $R\text{-}C$ 並列回路がある．$t = 0$ においてスイッチを入れたとき，各負荷に流れる電流がどうなるか定性的に答えよ．

6.6 図1に示す回路がある．電源電圧 $V = 5\,[\text{V}]$ で回路が定常状態になっているとする．いま，$t = 0$ において電源電圧を $10\,\text{V}$ に素早く変えた．回路に流れる電流を求めよ．

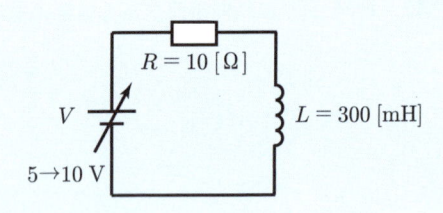

図1

第7章
ラプラス変換とラプラス変換を用いた回路解析

　過渡現象で学んだように電気回路から微分方程式を立て，解けば定常状態になるまでの回路状態を求めることができる．簡単な回路ではこの手法でも問題なく解けるが，回路が複雑になれば微分方程式も複雑になり，解くことが困難になる．そこで，**ラプラス変換**を用いて微分方程式を容易に解く手法を学ぶ．

　ラプラス変換を用いると，微分や積分，指数関数などの時間関数である t 関数を複素変数 s の代数式である s 関数に変換することができる．その代数式を簡単にしたものを**逆ラプラス変換**することで t 関数を求めることができる．

7.1 ラプラス変換の定義

ラプラス変換は次のように定義される．

$$F(s) = \mathcal{L}[f(t)]$$
$$= \int_0^\infty f(t)e^{-st}dt \tag{7.1}$$

ただし

$$s = \sigma + j\omega \tag{7.2}$$

で σ と ω は実数である．

式 (7.1) の定積分を行い，時間 t の関数 $f(t)$ から複素変数 s の関数 $F(s)$ を求めることを**ラプラス変換**とよぶ．

逆に s 関数 $F(s)$ からラプラス変換の元の関数 $f(t)$ を求めることを**逆ラプラス変換**とよび次式で求めることができる．

$$f(t) = \mathcal{L}^{-1}[F(s)]$$
$$= \frac{1}{2\pi j}\int_{\sigma-j\infty}^{\sigma+j\infty} F(s)e^{st}ds \tag{7.3}$$

元の関数 $f(t)$ とラプラス変換後の関数 $F(s)$ は 1 対 1 の関係にある．よって，$f(t)$ をラプラス変換した $F(s)$ を逆ラプラス変換すると元の $f(t)$ に変換される．

なお，$f(t)$ を **t 関数**，$F(s)$ を **s 関数**とよぶ．

7.2 ラプラス変換の性質

ラプラス変換の積分を行うのは難しい場合があるが，次に示す性質を用いて比較的容易にラプラス変換を行うことができる．

7.2.1 線 形 性

関数 $f(t)$ の定数倍 $af(t)$ の s 関数は次式のように $f(t)$ の s 関数 $F(s)$ の a 倍となる．

$$\begin{aligned}\mathcal{L}[af(t)] &= \int_0^\infty af(t)e^{-st}dt \\ &= a\int_0^\infty f(t)e^{-st}dt \\ &= aF(s)\end{aligned} \tag{7.4}$$

また，別の関数 $g(t)$ があり，その s 関数を $G(s)$ とすると，$f(t)$ と $g(t)$ の和の s 関数は

$$\begin{aligned}\mathcal{L}[f(t)+g(t)] &= \int_0^\infty [f(t)+g(t)]e^{-st}dt \\ &= \int_0^\infty f(t)e^{-st}dt + \int_0^\infty g(t)e^{-st}dt \\ &= F(s)+G(s)\end{aligned} \tag{7.5}$$

と表される．

以上，線形性をまとめると次のようになる（a, b は定数）．

$$\mathcal{L}[af(t)+bg(t)] = aF(s) + bG(s) \tag{7.6}$$

7.2.2 相 似 性

関数 $f(t)$ について t を at とした $f(at)$ の s 関数は次式のようになる．

$$\mathcal{L}[f(at)] = \int_0^\infty f(at)e^{-st}dt \tag{7.7}$$

ここで，$\tau = at$ とおく．$dt = \frac{d\tau}{a}$ となる．また，$t = 0$ において $\tau = 0$，かつ $t \to \infty$ において $\tau \to \infty$ なので，次式を得ることができる．

$$\begin{aligned}\mathcal{L}[f(at)] &= \frac{1}{a}\int_0^\infty f(\tau)e^{-(s/a)\tau}d\tau \\ &= \frac{1}{a}F\left(\frac{s}{a}\right)\end{aligned} \tag{7.8}$$

7.2.3 推 移 性

時間 t に関する推移性

関数 $f(t)$ について時間 t が a だけ遅れた $f(t-a)$ に対する s 関数は次式で表される．

$$F(s-a) = \mathcal{L}[f(t-a)]$$
$$= \int_0^\infty f(t-a)e^{-st}dt \tag{7.9}$$

ここで，$\tau = t - a$ とおくと $dt = d\tau$ となる．また，$t = 0$ において $\tau = -a$，かつ $t \to \infty$ において $\tau \to \infty$ なので

$$F(s-a) = \int_{-a}^\infty f(\tau)e^{-s(\tau+a)}d\tau$$
$$= \int_{-a}^\infty f(\tau)e^{-s\tau}e^{-sa}d\tau$$
$$= e^{-sa}\int_{-a}^\infty f(\tau)e^{-s\tau}d\tau$$
$$= e^{-sa}F(s) \tag{7.10}$$

複素変数 s に関する推移性

s 関数 $F(s)$ について a だけ複素移動した $F(s+a)$ に対する時間関数を求める．$f(t)$ に e^{-at} を乗じた $e^{-at}f(t)$ のラプラス変換は

$$\mathcal{L}[e^{-at}f(t)] = \int_0^\infty e^{-at}f(t)e^{-st}dt$$
$$= \int_0^\infty f(t)e^{-(s+a)t}dt$$
$$= F(s+a) \tag{7.11}$$

7.3 ラプラス変換の微分と積分

電気回路の回路方程式においては L と C のところで，電圧，電流の微分や積分が出てくる．よって，ラプラス変換においても微分，積分の扱いが重要となる．ここでは，s 関数の微分と積分について学ぶ．

ここで微分と積分を求める際に**部分積分**の公式が必要となるので，まずそれについて簡単に説明する．いま，時間 t の関数 $x(t)$ と $y(t)$ があり，それぞれの導関数を $x'(t)$, $y'(t)$ とすると部分積分の公式は次式で表される．

$$\int_a^b x(t)y'(t)dt = [x(t)y(t)]_a^b - \int_a^b x'(t)y(t)dt \tag{7.12}$$

7.3.1 導関数のラプラス変換

導関数のラプラス変換を求める．式 (7.12) における $x(t) = f(t)$, $y'(t) = e^{-st}$ とする．$y(t)$ は次式のようになる．

$$y(t) = \int e^{-st}dt = -\frac{e^{-st}}{s} \tag{7.13}$$

さらに式 (7.12) の $a = 0, b = \infty$ とすると

$$\begin{aligned}
F(s) &= \mathcal{L}[f(t)] \\
&= \int_0^\infty f(t)e^{-st}dt \\
&= \int_0^\infty x(t)y'(t)dt \\
&= [x(t)y(t)]_0^\infty - \int_0^\infty x'(t)y(t)dt \\
&= [f(t)(-\frac{e^{-st}}{s})]_0^\infty + \frac{1}{s}\int_0^\infty f'(t)e^{-st}dt \\
&= 0 - f(0)\frac{-1}{s} + \frac{1}{s}\int_0^\infty f'(t)e^{-st}dt \\
&= \frac{1}{s}\mathcal{L}[f'(t)] + \frac{f(0)}{s}
\end{aligned} \tag{7.14}$$

よって，$f(t)$ の導関数 $f'(t)$ のラプラス変換は次式のようになる．

$$\mathcal{L}[f'(t)] = sF(s) - f(0) \tag{7.15}$$

同様にして 2 階微分のラプラス変換は次のようになる．

$$\mathcal{L}[f''(t)] = s^2 F(s) - sf(0) - f'(0) \tag{7.16}$$

7.3.2 不定積分のラプラス変換

不定積分のラプラス変換を求める．式 (7.12) を変形して

$$\int_a^b x'(t)y(t)dt = [x(t)y(t)]_a^b - \int_a^b x(t)y'(t)dt \tag{7.17}$$

ここで式 (7.17) における $x'(t) = f(t), y(t) = e^{-st}$ とすると $x(t) = \int f(t)dt$ となる．さらに $a=0, b=\infty$ とすると

$$\begin{aligned}
F(s) &= \mathcal{L}[f(t)] \\
&= \int_0^\infty f(t)e^{-st}dt \\
&= \int_0^\infty x'(t)y(t)dt \\
&= [x(t)y(t)]_0^\infty - \int_0^\infty x(t)y'(t)dt \\
&= \left[\left\{\int f(t)dt\right\}e^{-st}\right]_0^\infty - \int_0^\infty \left\{\int f(t)dt\right\}(-se^{-st})dt \\
&= 0 - \int f(0)dt + s\int_0^\infty \left\{\int f(t)dt\right\}e^{-st}dt \\
&= s\mathcal{L}\left[\int f(t)dt\right] - \int f(0)dt
\end{aligned} \tag{7.18}$$

よって，不定積分 $\int f(t)dt$ のラプラス変換は

$$\mathcal{L}\left[\int f(t)dt\right] = \frac{F(s)}{s} + \frac{\int f(0)dt}{s} \tag{7.19}$$

となる．

以上，ラプラス変換の性質を表7.1にまとめる．

表7.1　ラプラス変換基本性質

性質	t 関数	s 関数
線形性	$af(t)+bf(t)$	$aF(s)+bF(s)$
相似性	$f(at)$	$\frac{1}{a}F\left(\frac{s}{a}\right)$
時間推移性	$f(t-a)$	$e^{-as}F(s)$
複素推移性	$e^{-at}f(t)$	$F(s+a)$
微分	$f'(t)$	$sF(s)-f(0)$
積分	$\int f(t)dt$	$\frac{F(s)}{s} + \frac{\int f(0)dt}{s}$

7.4 基本的な関数のラプラス変換

基本的な関数についてラプラス変換を覚えておけば，逆ラプラス変換する際に便利である．ここではいくつかの基本的な関数のラプラス変換を学ぶ．

7.4.1 ステップ関数 ($f(t) = u(t)$)

ステップ関数は図7.1のように時間 $t < 0$ において 0，$t \geq 0$ において 1 となる関数である．これは電気回路においてはスイッチの役割をする．

$$\begin{cases} u(t) = 0 & (t < 0) \\ u(t) = 1 & (t \geq 0) \end{cases} \tag{7.20}$$

ステップ関数のラプラス変換を求める．定義より

$$\begin{aligned} \mathcal{L}[u(t)] &= \int_0^\infty u(t)e^{-st}dt = \int_0^\infty 1 \cdot e^{-st}dt \\ &= \left[-\frac{1}{s}e^{-st}\right]_0^\infty = \frac{1}{s} \end{aligned} \tag{7.21}$$

この関数は電気回路では理想スイッチを表すことになる．例えば 5 V の直流電圧につながれた回路のスイッチを $t = 0$ に ON にするという場合，この電源電圧 V は

$$V(t) = 5u(t) \tag{7.22}$$

と表すことができる．

逆にスイッチ OFF では $-u(t)$ を用いればよい．いま 5 V の直流電圧を $t = 0$ においてスイッチ ON，10 秒後にスイッチ OFF にする場合の電源電圧 V は $u(t)$ と $-u(t)$ を用いて次のように表すことができる．

$$V(t) = 5u(t) - 5u(t - 10) \tag{7.23}$$

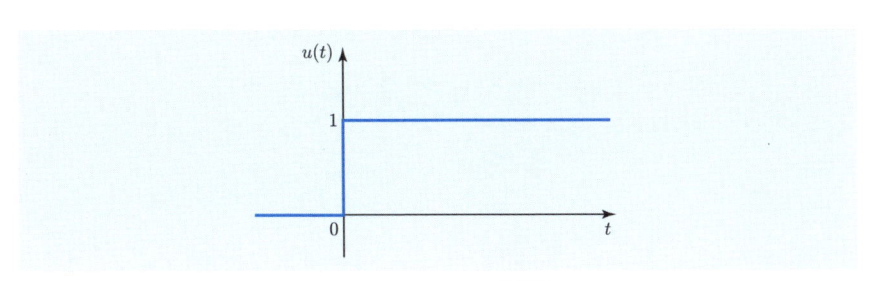

図7.1 ステップ関数

7.4.2 定数の場合($f(t) = K$)

コイルやコンデンサに電圧や電流の初期値がある場合，これらは回路方程式において定数となる．このラプラス変換を求める．$f(t) = K$ のラプラス変換は定義より

$$\mathcal{L}[K] = \int_0^\infty K e^{-st} dt = K \int_0^\infty e^{-st} dt$$
$$= \left[-K \frac{1}{s} e^{-st} \right]_0^\infty = \frac{K}{s} \tag{7.24}$$

7.4.3 三角関数の場合

三角関数は交流電源を記述するのに用いられる．正弦波関数と余弦波関数をラプラス変換する場合は三角関数の指数関数表示を用いるのがよい．

$$\sin \omega t = \frac{1}{2j}(e^{j\omega t} - e^{-j\omega t})$$
$$\cos \omega t = \frac{1}{2}(e^{j\omega t} + e^{-j\omega t}) \tag{7.25}$$

正弦波関数

正弦波関数について求める．定義より

$$\mathcal{L}[\sin \omega t] = \int_0^\infty \frac{1}{2j}(e^{j\omega t} - e^{-j\omega t}) e^{-st} dt$$
$$= \int_0^\infty \frac{1}{2j} \{ e^{(j\omega - s)t} - e^{(-j\omega - s)t} \} dt$$
$$= \frac{1}{2j} \int_0^\infty \{ e^{-(s-j\omega)t} - e^{-(s+j\omega)t} \} dt$$
$$= \frac{1}{2j} \left(\frac{1}{s-j\omega} - \frac{1}{s+j\omega} \right) = \frac{1}{2j} \frac{2j\omega}{s^2+\omega^2}$$
$$= \frac{\omega}{s^2+\omega^2} \tag{7.26}$$

余弦波関数

余弦波関数について求める．定義より

$$\mathcal{L}[\cos \omega t] = \int_0^\infty \frac{1}{2}(e^{j\omega t} + e^{-j\omega t}) e^{-st} dt$$
$$= \int_0^\infty \frac{1}{2} \{ e^{(j\omega - s)t} + e^{(-j\omega - s)t} \} dt$$
$$= \frac{1}{2} \int_0^\infty \{ e^{-(s-j\omega)t} + e^{-(s+j\omega)t} \} dt$$
$$= \frac{1}{2} \left(\frac{1}{s-j\omega} + \frac{1}{s+j\omega} \right) = \frac{1}{2} \frac{2s}{s^2+\omega^2}$$
$$= \frac{s}{s^2+\omega^2} \tag{7.27}$$

これらの式を用いることで交流電源の関数を表現することができる．

7.4.4 $f(t) = t$

$f(t) = t$ のラプラス変換を求める．式 (7.12) の部分積分の公式を用いて定義よりラプラス変換を計算する．

$$\begin{aligned}\mathcal{L}[t] &= \int_0^\infty te^{-st}dt \\ &= \left[-\tfrac{te^{-st}}{s}\right]_0^\infty + \tfrac{1}{s}\int_0^\infty e^{-st}dt \\ &= \left[-\tfrac{1}{s^2}e^{-st}\right]_0^\infty = \tfrac{1}{s^2}\end{aligned} \qquad (7.28)$$

表7.2に基本的なラプラス変換を示す．

表7.2 基本的な関数のラプラス変換

t 関数	s 関数	t 関数	s 関数
u	$\frac{1}{s}$	$\sin\omega t$	$\frac{\omega}{s^2+\omega^2}$
定数 K	$\frac{K}{s}$	$\cos\omega t$	$\frac{s}{s^2+\omega^2}$
t	$\frac{1}{s^2}$	$\sinh\omega t$	$\frac{\omega}{s^2-\omega^2}$
t^2	$\frac{2}{s^3}$	$\cosh\omega t$	$\frac{s}{s^2-\omega^2}$
e^{-at}	$\frac{1}{s+a}$	te^{-at}	$\frac{1}{(s+a)^2}$
e^{at}	$\frac{1}{s-a}$	te^{at}	$\frac{1}{(s-a)^2}$

7.4.5 部分分数分解

部分分数分解について学ぶ．これは回路方程式をラプラス変換した s の式を逆ラプラス変換する場合，表7.2の基本的な関数の形に変形して簡単に逆ラプラス変換するためである．

例えば次のような s 関数 $F(s)$ があるとする．

$$F(s) = \tfrac{1}{(s+a)(s+b)} \qquad (7.29)$$

このままでは表7.2の関数の形にならないため，$F(s)$ を部分分数に展開する．つまり

$$F(s) = \tfrac{k_1}{s+a} + \tfrac{k_2}{s+b} \qquad (7.30)$$

の形にすればよい．ここで k_1, k_2 は係数であり，これを求めることで部分分

数に展開することができる．

式 (7.29) と (7.30) の右辺から

$$\frac{k_1}{s+a} + \frac{k_2}{s+b} = \frac{1}{(s+a)(s+b)} \tag{7.31}$$

両辺に $(s+a)(s+b)$ を乗じる．

$$k_1(s+b) + k_2(s+a) = 1$$

$$(k_1 + k_2)s + k_1 b + k_2 a - 1 = 0 \tag{7.32}$$

式 (7.32) がすべての s について成り立つためには s の係数と定数項を比較して

$$\begin{aligned} k_1 + k_2 &= 0 \\ k_1 b + k_2 a - 1 &= 0 \end{aligned} \tag{7.33}$$

が満たされればよい．つまり

$$k_1 = -k_2 = \frac{1}{b-a} \tag{7.34}$$

よって式 (7.29) は

$$F(s) = \frac{1}{(s+a)(s+b)} = \frac{1}{b-a}\frac{1}{s+a} - \frac{1}{b-a}\frac{1}{s+b} \tag{7.35}$$

と部分分数分解できる．

よって，この $F(s)$ に対する t 関数 $f(t)$ は次式で表される．

$$f(t) = \mathcal{L}^{-1}[F(s)] = \frac{1}{b-a}(e^{-at} - e^{-bt}) \tag{7.36}$$

■ 例題7.1 ■

次の s 関数 $F(s)$ がある．

$$F(s) = \frac{1}{(s+a)(s+b)(s+c)} \tag{7.37}$$

(1) $F(s)$ を部分分数分解せよ．
(2) $F(s)$ を逆ラプラス変換せよ．

【解答】 (1) $F(s)$ を部分分数の形に分解するのは

$$F(s) = \frac{k_1}{s+a} + \frac{k_2}{s+b} + \frac{k_3}{s+c} \tag{7.38}$$

の形にすればよい．ここで k_1, k_2, k_3 は係数である．

7.4 基本的な関数のラプラス変換

式 (7.37) と (7.38) の右辺から

$$\frac{k_1}{s+a} + \frac{k_2}{s+b} + \frac{k_3}{s+c} = \frac{1}{(s+a)(s+b)(s+c)} \tag{7.39}$$

両辺に $(s+a)(s+b)(s+c)$ を乗じる.

$$k_1(s+b)(s+c) + k_2(s+a)(s+c) + k_3(s+b)(s+a) = 1$$

$$(k_1+k_2+k_3)s^2 + \{k_1(b+c) + k_2(a+c) + k_3(a+b)\}s$$
$$+ k_1bc + k_2ac + k_3ab - 1 = 0 \tag{7.40}$$

式 (7.40) がすべての s について成り立つためには係数比較して

$$k_1 + k_2 + k_3 = 0$$
$$(b+c)k_1 + (a+c)k_2 + (a+b)k_3 = 0 \tag{7.41}$$
$$bck_1 + ack_2 + abk_3 = 1$$

が満たされればよい. これは三元一次の連立方程式なので, これを解くと

$$k_1 = \frac{1}{(-a+b)(-a+c)}$$
$$k_2 = \frac{1}{(a-b)(-b+c)} \tag{7.42}$$
$$k_3 = \frac{1}{(a-c)(b-c)}$$

よって, 部分分数展開した結果は次のようになる.

$$F(s) = \frac{1}{(-a+b)(-a+c)}\frac{1}{s+a} + \frac{1}{(a-b)(-b+c)}\frac{1}{s+b}$$
$$+ \frac{1}{(a-c)(b-c)}\frac{1}{s+c} \tag{7.43}$$

(2) (1) の部分分数分解した結果を用いて

$$\mathcal{L}^{-1}[F(s)] = \frac{1}{(-a+b)(-a+c)}e^{-at} + \frac{1}{(a-b)(-b+c)}e^{-bt}$$
$$+ \frac{1}{(a-c)(b-c)}e^{-ct} \tag{7.44}$$

7.5 ラプラス変換を用いた電気回路の解析

ラプラス変換を用いて電気回路を解析する．まず，抵抗，コイル，コンデンサのラプラス変換を学び，電気回路方程式をラプラス変換を用いて解く．

7.5.1 各素子のラプラス変換

抵抗 R

抵抗 R に加わる電圧 $v(t)$ と電流 $i(t)$ の関係は

$$v(t) = Ri(t) \tag{7.45}$$

である．$v(t)$ と $i(t)$ のラプラス変換は

$$\begin{aligned}\mathcal{L}[v] &= V(s) \\ \mathcal{L}[i] &= I(s)\end{aligned} \tag{7.46}$$

となる．R は時間に対して定数である．よって，抵抗における関係は s 関数で表すと次のようになる．

$$V(s) = RI(s) \tag{7.47}$$

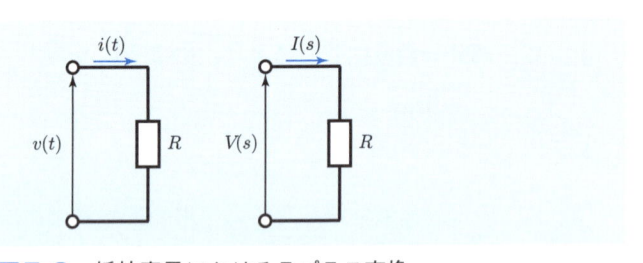

図7.2 抵抗素子におけるラプラス変換

コイル L

コイル L に加わる電圧 $v(t)$ と電流 $i(t)$ の関係は

$$v(t) = L\frac{d}{dt}i(t) \tag{7.48}$$

である．L は時間に対して定数である．よって，コイルにおける関係は s 関数で表すと次のようになる．

7.5 ラプラス変換を用いた電気回路の解析

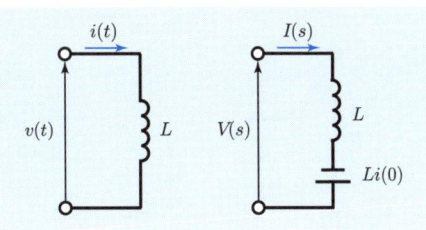

図7.3 コイルにおけるラプラス変換

$$V(s) = L\{sI(s) - i(0)\} \tag{7.49}$$

ここで $i(0)$ は初期電流であるので，$t = 0$ においてコイル L に電流が流れていなければ $i(0) = 0$ となる．

コンデンサ C

コンデンサ C に加わる電圧 $v(t)$ と電流 $i(t)$ の関係は

$$v(t) = \frac{1}{C} \int i(t) dt \tag{7.50}$$

である．ここで積分時間を正確に書くと，$t = 0$ までにコンデンサに蓄えられている電荷による電圧と，時刻 0 から t までに蓄えられる電荷による電圧に分けられる．

$$\begin{aligned} v(t) &= \frac{1}{C} \int_{-\infty}^{t} i(t) dt \\ &= \frac{1}{C} \int_{-\infty}^{0} i(t) dt + \frac{1}{C} \int_{0}^{t} i(t) dt \\ &= v(0) + \frac{1}{C} \int_{0}^{t} i(t) dt \end{aligned} \tag{7.51}$$

初期電圧 $v(0)$ および C は時間に対して定数である．よって，コンデンサにおける関係は s 関数で表すと次のようになる．

$$V(s) = \frac{v(0)}{s} + \frac{1}{C}\left\{ \frac{I(s)}{s} + \frac{\int i(0)dt}{s} \right\} \tag{7.52}$$

ここで $i(0)$ は初期電流である．$i(0) = 0$，また，初期電圧 $v(0) = 0$ なら

$$V(s) = \frac{1}{C} \frac{I(s)}{s} \tag{7.53}$$

となる．

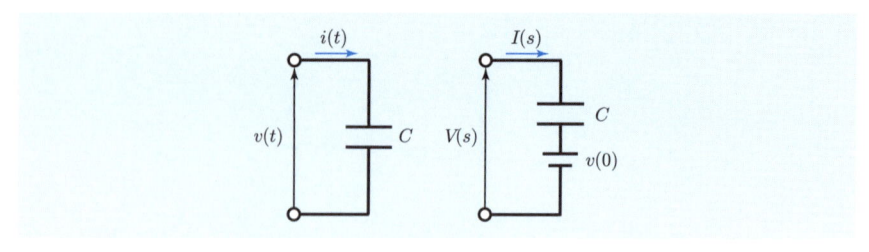

図7.4　コンデンサにおけるラプラス変換

7.5.2 ラプラス変換を用いた回路解析法

ラプラス変換を用いた回路解析の流れは図7.5のようになる．ここでは図7.6のR-L直列回路の解析を例にこの手順で回路を解く．

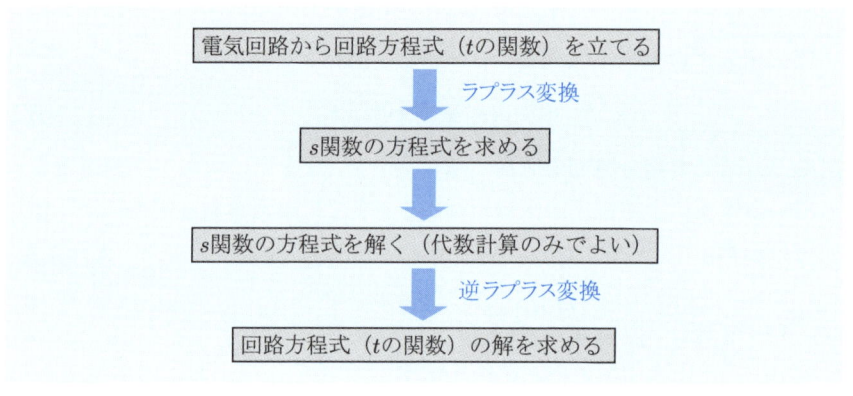

図7.5　ラプラス変換を用いた解析の流れ

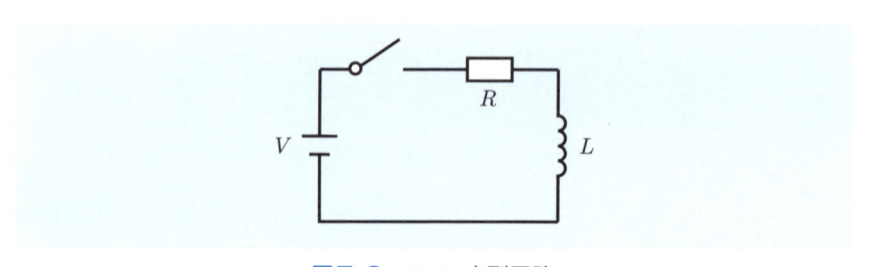

図7.6　R-L 直列回路

7.5 ラプラス変換を用いた電気回路の解析

(1) 回路方程式を立てる

図7.6の回路の回路方程式は次式で表される．ただし，スイッチは時刻 $t=0$ で ON にされる．また電流を $i(t)$ とする．

$$V = Ri + L\frac{di}{dt} \tag{7.54}$$

(2) 回路方程式をラプラス変換し，s 関数の方程式を求める

式 (7.54) のラプラス変換を行う．ここで V はステップ関数 $u(t)$ の V 倍であることに注意して

$$\frac{V}{s} = RI(s) + L\{sI(s) + i(0)\} \tag{7.55}$$

ただし，$I(s)$ は $i(t)$ の s 関数とする．

(3) s 関数の方程式を解く

式 (7.55) から $I(s)$ について解く．$t=0$ において $i(0)=0$ なので

$$I(s) = \frac{V}{s(Ls+R)} \tag{7.56}$$

(4) 逆ラプラス変換を行い，回路方程式の解を求める

逆ラプラス変換を行う．まず，式 (7.56) を簡単に逆ラプラス変換できるように基礎関数の形に変形する．

$$\begin{aligned}
I(s) &= \frac{V}{s(Ls+R)} \\
&= \frac{V}{L}\frac{1}{s\left(s+\frac{R}{L}\right)} \quad \text{部分分数に分解して} \\
&= \frac{V}{L}\frac{L}{R}\left(\frac{1}{s} - \frac{1}{s+\frac{R}{L}}\right) \\
&= \frac{V}{R}\left(\frac{1}{s} - \frac{1}{s+\frac{R}{L}}\right)
\end{aligned} \tag{7.57}$$

よって，$I(s)$ の逆ラプラス変換 $i(t)$ は

$$\begin{aligned}
i(t) &= \mathcal{L}^{-1}[I(s)] \\
&= \frac{V}{R}(1 - e^{-(R/L)t})
\end{aligned} \tag{7.58}$$

となる．これは 6.1 節で微分方程式を解いて求めた結果と同じになる．

■ 例題7.2 ■

図7.7のような R-C 直列回路がある．この回路に流れる電流をラプラス変換を用いて求めよ．ただし，時刻 $t=0$ においてコンデンサには電荷は蓄えられていないとする．

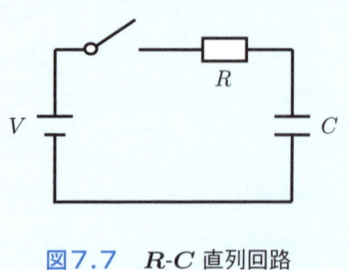

図7.7　R-C 直列回路

【解答】　図7.7の回路方程式は次式で表される．ただし，スイッチは $t=0$ で ON にされる．また電流を $i(t)$ とする．

$$V = Ri + \frac{1}{C}\int i\,dt \tag{7.59}$$

回路方程式をラプラス変換し，s 関数の方程式を求める．式 (7.54) のラプラス変換を行う．

$$\frac{V}{s} = RI(s) + \frac{1}{C}\frac{I(s)}{s} \tag{7.60}$$

ただし，$I(s)$ は $i(t)$ の s 関数とする．

$I(s)$ について解く．$t=0$ において $i(0)=0$ なので

$$I(s) = \frac{V}{Rs + \frac{1}{C}} \tag{7.61}$$

逆ラプラス変換を行うために整理すると

$$\begin{aligned}I(s) &= \frac{V}{Rs + \frac{1}{C}} \\ &= \frac{V}{R\left(s + \frac{1}{RC}\right)}\end{aligned} \tag{7.62}$$

逆ラプラス変換をして t の関数である $i(t)$ を求める．

$$\begin{aligned}i(t) &= \mathcal{L}^{-1}[I(s)] \\ &= \frac{V}{R}\left\{e^{-(1/RC)t}\right\}\end{aligned} \tag{7.63}$$ ■

7.5 ラプラス変換を用いた電気回路の解析

■ **例題7.3** ■

次のような R-L-C 直列回路がある．この回路に流れる電流をラプラス変換を用いて求めよ．ただし，時刻 $t=0$ において回路に電流は流れていないものとする．

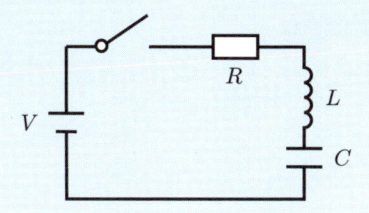

図7.8 **R-L-C 直列回路**

【解答】 まず，回路方程式を立てる．

$$V = L\frac{di}{dt} + Ri + \frac{1}{C}\int_0^t i\,dt \tag{7.64}$$

ラプラス変換すると

$$\frac{V}{s} = RI(s) + L\{sI(s) + i(0)\} + \frac{1}{C}\frac{I(s)}{s} \tag{7.65}$$

電流の初期値 $i(0) = 0$ である．式 (7.65) を整理すると

$$\begin{aligned}I(s) &= \frac{V}{Ls^2 + Rs + \frac{1}{C}} \\ &= \frac{V}{L}\frac{1}{s^2 + \frac{R}{L}s + \frac{1}{LC}}\end{aligned} \tag{7.66}$$

この式をラプラス変換できるように変形するには右辺の分母の式により場合分けすればよい．この式を平方完成すると

$$s^2 + \frac{R}{L}s + \frac{1}{LC} = \left(s + \frac{R}{2L}\right)^2 - \left\{\left(\frac{R}{2L}\right)^2 - \frac{1}{CL}\right\} \tag{7.67}$$

ここで右辺の第 2 項を $\left\{\left(\frac{R}{2L}\right)^2 - \frac{1}{CL}\right\} = D$ とおく．D の符号で場合分けして逆ラプラス変換を行う．

〔$D > 0$ のとき〕 式 (7.66) は

$$\begin{aligned}I(s) &= \frac{V}{L}\frac{1}{\left(s + \frac{R}{2L}\right)^2 - D} = \frac{V}{L}\frac{\sqrt{D}}{\left(s + \frac{R}{2L}\right)^2 - (\sqrt{D})^2}\frac{1}{\sqrt{D}} \\ &= \frac{V}{L\sqrt{D}}\frac{\sqrt{D}}{\left(s + \frac{R}{2L}\right)^2 - (\sqrt{D})^2}\end{aligned} \tag{7.68}$$

となる.

これは**表7.2**の基本的な関数のラプラス変換にある $\sinh \omega t$ の形になっている ($\omega = \sqrt{D}$). ただし, 2乗の中身が s でなく $s+\frac{R}{2L}$ であるので, **表7.1**の基本性質の複素推移性より $e^{-R/(2L)}$ を乗じる必要がある. これらのことを考慮するとラプラス逆変換は

$$i(t) = \frac{V}{L\sqrt{D}} e^{-R/(2L)} \sinh \sqrt{D}\, t \tag{7.69}$$

となる.

〔$D = 0$ のとき〕 式 (7.66) は

$$I(s) = \frac{V}{L} \frac{1}{\left(s+\frac{R}{2L}\right)^2} \tag{7.70}$$

これは**表7.2**の基本的な関数のラプラス変換にある te^{-at} の形になっている. つまり逆ラプラス変換は

$$i(t) = \frac{V}{L} t e^{-R/(2L)} \tag{7.71}$$

となる.

〔$D < 0$ のとき〕 式 (7.66) は

$$\begin{aligned} I(s) &= \frac{V}{L} \frac{1}{\left(s+\frac{R}{2L}\right)^2 - D} = \frac{V}{L} \frac{\sqrt{D}}{\left(s+\frac{R}{2L}\right)^2 + (\sqrt{-D})^2} \frac{1}{\sqrt{-D}} \\ &= \frac{V}{L\sqrt{-D}} \frac{\sqrt{-D}}{\left(s+\frac{R}{2L}\right)^2 + (\sqrt{-D})^2} \end{aligned} \tag{7.72}$$

となる. ここで $D < 0$ であるので, $-D > 0$ であることに注意する.

これは**表7.2**の基本的な関数のラプラス変換にある $\sin \omega t$ の形になっている ($\omega = \sqrt{-D}$). また, 2乗の中が s でなく $s+\frac{R}{2L}$ であるので, **表7.1**の基本性質の複素推移性より $e^{-R/(2L)}$ を乗じる必要がある. これらのことを考慮するとラプラス逆変換は

$$i(t) = \frac{V}{L\sqrt{-D}} e^{-R/(2L)} \sin \sqrt{-D}\, t \tag{7.73}$$

となる.

この結果は当然であるが, 過渡現象のところで微分方程式を解くことで求めた解と同じである. ただし, 計算量ははるかに少なくなっている. このようにラプラス変換を用いることで, 微分方程式の解を容易に求めることができた.

7章の問題

7.1 次の関数 $f(t)$ のラプラス変換 $F(s)$ を求めよ．
(1) $f(t) = 3t - 5$
(2) $f(t) = (t-4)^2$
(3) $f(t) = 5(\sin \omega t + \theta)$
(4) $f(t) = 2\sin^2 \omega t$

7.2 次の s 関数の逆ラプラス変換を求めよ．
(1) $\frac{1}{s+5}$
(2) $\frac{1}{(s-2)(s+5)}$
(3) $\frac{2}{s^2+36}$

7.3 図1のような抵抗とコイルからなる回路がある．いま，時刻 $t=0$ でスイッチを切り替える．ただし，切替え前においては回路は定常状態にあるとする．

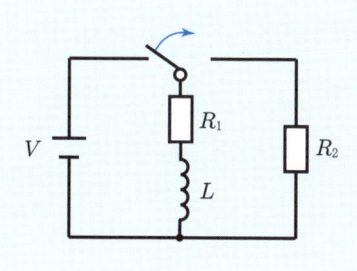

図1

(1) スイッチ切替え前と切替え後の回路方程式を求めよ．
(2) スイッチを切替えた後の回路方程式をラプラス変換せよ．
(3) 求めた s 関数を逆ラプラス変換し，電流の時間関数 $i(t)$ を求めよ．

7.4 図2のような抵抗とコンデンサからなる回路がある．コンデンサの初期電荷はゼロとする．

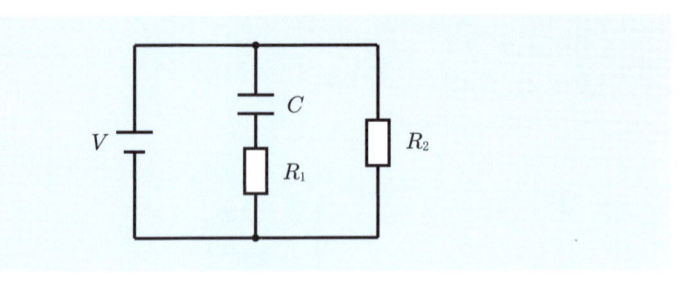

図2

(1) 並列回路のそれぞれの負荷に流れる電流を i_1, i_2 として回路方程式を求めよ．
(2) 回路方程式をラプラス変換せよ．
(3) 求めた s 関数を逆ラプラス変換し，回路全体に流れる電流の時間関数 $i(t)$ を求めよ．

第8章

相互誘導回路

　コイルに電流が流れると磁束が発生する．このコイルの性質については1.3節ですでに学んだが，コイルが複数あり，あるコイルに発生した磁束が他のコイルに影響をおよぼし，電圧を発生する場合がある．これを**相互誘導**とよぶ．代表的な電気機器である変圧器はこの原理を用いている．ここでは**相互誘導回路**について，その原理，性質を学ぶ．

8.1 相互誘導回路の原理

図 8.1 のようにコイル 1 とコイル 2 が配置されている．コイルの距離が離れていれば影響がほとんどないが，近接している場合，一方のコイルに発生した磁束がもう一方のコイルに入ることになる．その磁束が変動すると，もう一方のコイルに電圧が誘起される．コイル 1 の自己インダクタンスを L_1，コイル 2 の自己インダクタンスを L_2 とする．

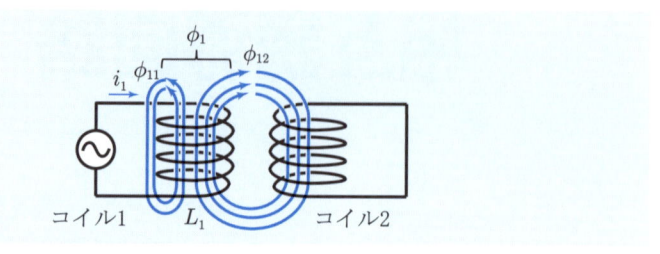

図 8.1 相互誘導（磁束の流れはコイル 1 から 2 へ）

いま，コイル 1 に電源を接続し，電流 i_1 を流す．コイル 1 から発生する磁束 ϕ_1 は次のようになる．

$$\phi_1 = L_1 i_1 \tag{8.1}$$

図 8.1 のようにこの ϕ_1 はコイル 2 に入らずに戻っている磁束 ϕ_{11} とコイル 2 に鎖交して戻ってくる磁束 ϕ_{12} に分けられる．コイル 2 に鎖交する磁束 ϕ_{12} は

$$\phi_{12} = M i_1 \tag{8.2}$$

ここで係数 M はコイル 1 の磁束がコイル 2 に入る割合を示すものである．これを**相互インダクタンス**とよぶ．

逆にコイル 2 の磁束がコイル 1 に入る割合はコイル 1 とコイル 2 の位置関係が同じであるので，係数は M となる．図 8.2 のようにコイル 2 に電流 i_2 が流れているとすると，コイル 2 から発生する磁束 ϕ_2 は次のようになる．

$$\phi_2 = L_2 i_2 \tag{8.3}$$

よって，コイル 2 の磁束からコイル 1 に入る磁束 ϕ_{21} は

8.1 相互誘導回路の原理

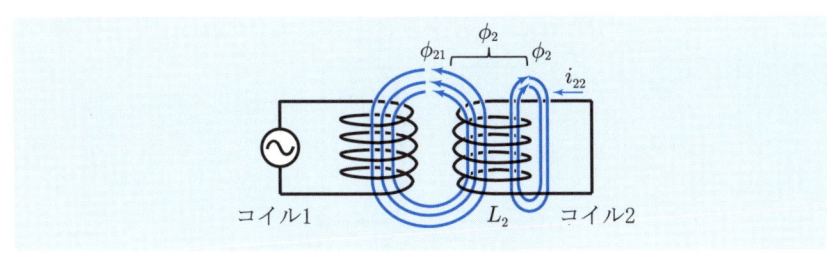

図8.2 相互誘導（磁束の流れはコイル2から1へ）

$$\phi_{21} = Mi_2 \tag{8.4}$$

となる．

図8.3に相互誘導回路図を示す．v_1 の側に電源を，v_2 の側に負荷を接続することが一般的であり，それぞれ一次側，二次側とする．先に述べたように，相互インダクタンス M が双方のコイルの磁束が他方に鎖交する割合を示す．ここで一次側コイルに誘導される起電力 v_1 と一次側に自己誘導される電圧 e_1 と二次側から一次側に入る磁束変化による起電力 e_{21} の和はゼロになる．

$$v_1 + e_1 + e_{21} = 0$$
$$e_1 = -\frac{d\phi_1}{dt}$$
$$e_2 = -\frac{d\phi_{21}}{dt}$$

したがって，一次側コイルに誘導される起電力 v_1 は

$$\begin{aligned} v_1 &= \frac{d\phi_1}{dt} + \frac{d\phi_{21}}{dt} \\ &= L_1 \frac{di_1}{dt} + M \frac{di_2}{dt} \end{aligned} \tag{8.5}$$

また，二次側コイルに誘導される起電力 v_2 は同様にして

$$\begin{aligned} v_2 &= \frac{d\phi_2}{dt} + \frac{d\phi_{12}}{dt} \\ &= L_2 \frac{di_2}{dt} + M \frac{di_1}{dt} \end{aligned} \tag{8.6}$$

このように一方のコイルの磁束が他方のコイルに鎖交して誘導起電力を発生する回路を**相互誘導回路**とよぶ．

相互誘導回路においては，コイルの巻き方（右巻きに巻くか，左巻きに巻く

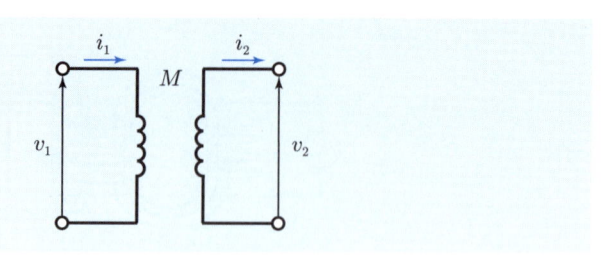

図8.3 相互誘導回路

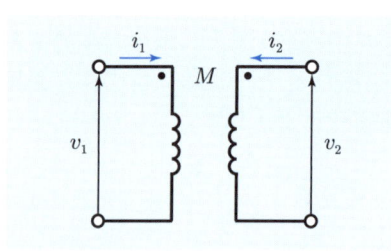

か）を一次側と二次側で変えることで，相手のコイルに発生する誘導起電力の向きが変わる．つまり，双方のコイルの極性が変わることになる．図8.4が同極性の場合，図8.5が逆極性の場合である．図中の●が極性を表す．逆極性の場合，ある瞬間で発生する電圧が一次側と二次側で異なってしまう．

図8.4 相互誘導回路の極性（同極性）

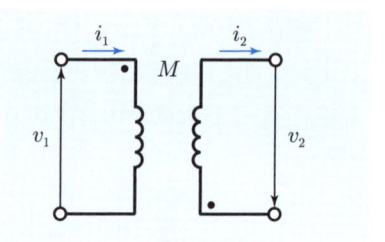

図8.5 相互誘導回路の極性（逆極性）

8.2 相互誘導回路の回路方程式での表現

相互誘導回路は通常の回路と違い,磁気的に結合しているため,回路方程式に注意が必要である.例として,図8.6のように一次側に電源を,二次側に負荷を接続した回路を考える.電流のループは独立で2つあるため,回路方程式は2つできる.

一次側の回路方程式は

$$v_1 = i_1 R_1 + L_1 \frac{di_1}{dt} + M \frac{di_2}{dt} \tag{8.7}$$

二次側の回路方程式は

$$0 = i_2 R_2 + L_2 \frac{di_2}{dt} + M \frac{di_1}{dt} \tag{8.8}$$

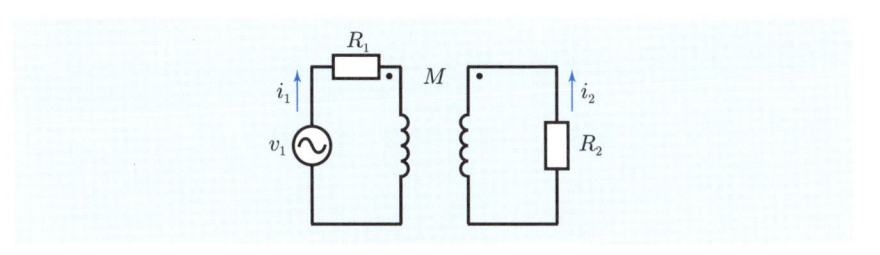

図8.6 相互誘導回路を用いた回路

このように2つの回路に分けると,キルヒホフの第一法則を用いて接点方程式を立てることができず,相互誘導回路を含んだ回路を解くのに不便である.そこで,この磁気結合の部分を等価回路化し,2つの回路を接続することを考える.一次側と二次側の回路方程式は

$$\begin{aligned} v_1 &= L_1 \tfrac{di_1}{dt} + M \tfrac{di_2}{dt} \\ v_2 &= L_2 \tfrac{di_2}{dt} + M \tfrac{di_1}{dt} \end{aligned} \tag{8.9}$$

である.相互インダクタンスの部分に流れる電流が同じになるように式(8.9)を変形する.

$$v_1 = (L_1 - M)\frac{di_1}{dt} + M\frac{d(i_1+i_2)}{dt}$$
$$v_2 = (L_2 - M)\frac{di_2}{dt} + M\frac{d(i_1+i_2)}{dt}$$
(8.10)

この回路方程式を回路図で表現すると図8.7のようになる．つまり，自己インダクタンスが $L_1 - M, L_2 - M, M$ のコイルを3つT型に接続することにより，磁気結合部分を等価回路化し，一次側と二次側を接続することができる．この等価回路を**T型等価回路**とよぶ．

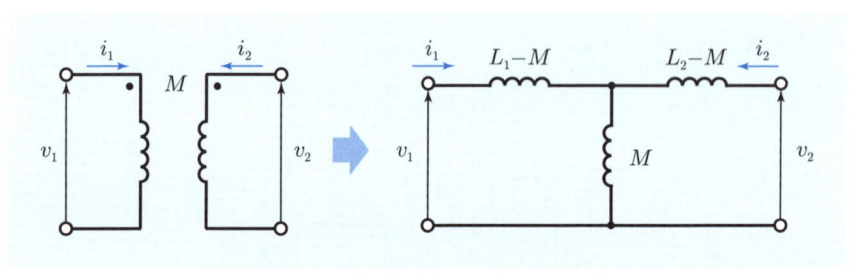

図8.7 磁気結合部分の等価回路化

8.3 相互インダクタンス M と自己インダクタンス L_1, L_2 の関係

2 つのコイル間の相互インダクタンス M とそれぞれのコイルの自己インダクタンス L_1, L_2 の関係について考える.

自己インダクタンス L のコイルに電流 i を流した場合にコイルに蓄えられるエネルギー w [J] は

$$w = \tfrac{1}{2}Li^2 \tag{8.11}$$

となる.よって,図8.7 の T 型等価回路におけるエネルギー w_{total} は 3 つのコイルのエネルギーの和となる.また $w_{\text{total}} \geq 0$ であるので

$$\begin{aligned} w_{\text{total}} &= \tfrac{1}{2}(L_1 - M){i_1}^2 + \tfrac{1}{2}(L_2 - M){i_2}^2 + \tfrac{1}{2}M(i_1 + i_2)^2 \\ &= \tfrac{1}{2}(L_1{i_1}^2 + 2Mi_1 i_2 + L_2{i_2}^2) \geq 0 \end{aligned} \tag{8.12}$$

ここで式 (8.12) を満たす条件を求める.この式を平方完成すると

$$\begin{aligned} w_{\text{total}} &= \tfrac{1}{2}L_1({i_1}^2 + \tfrac{2M}{L_1}i_1 i_2) + \tfrac{1}{2}L_2{i_2}^2 \\ &= \tfrac{1}{2}L_1(i_1 + \tfrac{M}{L_1}i_2)^2 - \tfrac{1}{2}\tfrac{M^2}{L_1}{i_2}^2 + \tfrac{1}{2}L_2{i_2}^2 \end{aligned}$$

ここで $w_{\text{total}} \geq 0$ のためには第 2 項と第 3 項の和が 0 以上であればよいので

$$\tfrac{1}{2}{i_2}^2(-\tfrac{M^2}{L_1} + L_2) \geq 0 \tag{8.13}$$

$$-\tfrac{M^2}{L_1} + L_2 \geq 0$$

$$L_1 L_2 \geq M^2$$

$$\sqrt{L_1 L_2} \geq M \tag{8.14}$$

ここで係数 k を次式のように導入する.

$$k = \tfrac{M}{\sqrt{L_1 L_2}} \tag{8.15}$$

この係数は 2 つのコイルの自己インダクタンスと相互インダクタンスの関係の強さを表す指標となるもので,**結合係数**とよぶ.式 (8.14) の条件を満たすためには次式が成立する必要がある.

$$0 \leq k \leq 1 \tag{8.16}$$

ここで $k = 0$ の場合は相互インダクタンス $M = 0$,つまり,2 つのコイル間で磁束の影響がゼロとなる.$k = 1$ の場合は結合度が最大となる.

8.4 相互誘導回路の応用

相互誘導回路の代表的な応用例は変圧器である．図8.8のように「口」の字型の鉄心の左側と右側に一次側コイルと二次側コイルが巻かれている．そして一次側コイルの巻数 N_1 と二次側コイルの巻数 N_2 の比によって，二次側の電圧が変わるのである．鉄心は**強磁性体**で構成される．鉄心に一番多く用いられるものは代表的な強磁性体材料の鉄である．強磁性体は**透磁率**が非常に高いという特徴がある．つまり磁束を通しやすいということであり，鉄心を用いることで，一次側コイルに発生した磁束のほとんどを二次側コイルに鎖交させることが可能となる．その結果結合係数 k が1に近くなるのである．

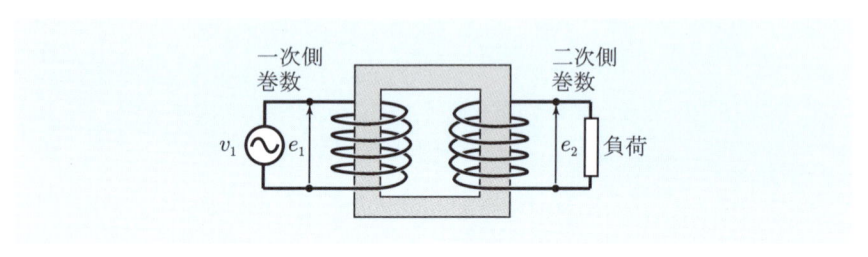

図8.8 変圧器

いま，一次側コイル1巻あたりに発生する磁束を ϕ_1 とすると，巻数 N_1 分の総磁束は $N_1\phi_1$ となる．この総磁束と一次側コイルに発生する電圧 v_1 の関係は電磁誘導の法則より

$$v_1 = \frac{dN_1\phi_1}{dt} = N_1\frac{d\phi_1}{dt} \tag{8.17}$$

となる．同様に二次側コイルに発生する電圧 v_2 と二次側コイルの総磁束の関係は

$$v_2 = \frac{dN_2\phi_2}{dt} = N_2\frac{d\phi_2}{dt} \tag{8.18}$$

ここで変圧器が理想的なものであれば，この一次側コイルに発生する磁束はすべて二次側に鎖交する．つまり結合係数 $k=1$ となる．よって

$$\phi_1 = \phi_2 \tag{8.19}$$

8.4 相互誘導回路の応用

つまり
$$\frac{d\phi_1}{dt} = \frac{d\phi_2}{dt} = \frac{v_1}{N_1} = \frac{v_2}{N_2} \tag{8.20}$$

より
$$\frac{v_1}{v_2} = \frac{N_1}{N_2} \tag{8.21}$$

このように一次側と二次側の巻数比が電圧比となる．

● 変圧器の機能 ●

変圧器の機能は電圧を一次側と二次側の電圧を変えることであるが，それ以外にも重要な機能がある．

直流分の除去
変圧器は一次側の磁束変化によって二次側に電圧を発生する．よって，一次側電圧の直流成分は二次側に伝わらない．よって，直流成分の除去に用いる．

絶縁の機能
変圧器の一次側と二次側は磁気的に結合しているが，直接電流が流れてはいない．例えば一次側で事故など何らかの理由で大電流が流れたとする．二次側に伝わるのは磁束変化による誘導起電力である．一方，強磁性体の場合，コイル電流に比例して磁束が増えるがあるところで磁束の増加が飽和する．この現象を**磁気飽和**とよぶ．つまり，急に大電流が流れたとしてもこの磁気飽和により，急な磁束の増加が抑制される．結果として，二次側に接続されている回路に一次側の異常が伝わらなくなり，保護されることになる．

8章の問題

☐ **8.1** 相互誘導回路がある．コイル1のインダクタンスが 5 mH，コイル2のインダクタンスが 45 mH，結合係数が 0.7 のとき，相互インダクタンスの値を求めよ．

☐ **8.2** 一次側コイルの巻数が 10，二次側コイルの巻数が 100 の変圧器がある．一次側電圧に正弦波電圧を加え，その最大値が 10 V のとき，二次側に発生する電圧の最大値を求めよ．

☐ **8.3** 図1のような相互誘導回路がある．

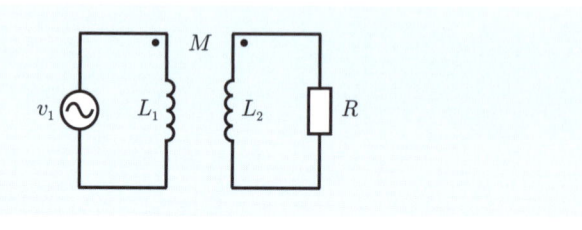

図1

(1) この回路の T 型等価回路を描け．
(2) 抵抗 R に流れる電流を求めよ．

第9章

三相交流

　いままで交流回路で学んできたのは交流電源が1つだけ存在するもので,これは**単相交流回路**とよばれる.しかし,発電,送電,配電など電力ネットワークでは電源が3つ存在する**三相交流**を用いて行われる.また,変圧器,電動機といった電気機器においても三相交流を用いることが多い.ここでは三相交流について学ぶ.

9.1 対称三相交流

三相交流では3つの相の電源が存在する．一般的に三相交流と言えば**対称三相交流**のことを意味する．対称三相交流とは正弦波交流電源が位相角 $\frac{2}{3}\pi$ [rad] ずつずれて3つ組み合わせられて接続されているものである．いま，3つの電源をそれぞれ $v_\mathrm{a}, v_\mathrm{b}, v_\mathrm{c}$ とすると，次式のようにこれら3つの振幅，周波数は同じ，位相が $\frac{2}{3}\pi$ [rad] ずつずれている．ただし，ω：電源の角周波数 [rad/s]，V_m：電圧の最大値 [V] である．

$$\begin{aligned} v_\mathrm{a} &= V_\mathrm{m} \sin \omega t \\ v_\mathrm{b} &= V_\mathrm{m} \sin(\omega t - \tfrac{2}{3}\pi) \\ v_\mathrm{c} &= V_\mathrm{m} \sin(\omega t - \tfrac{4}{3}\pi) \end{aligned} \quad (9.1)$$

電流についても全く同様に

$$\begin{aligned} i_\mathrm{a} &= I_\mathrm{m} \sin \omega t \\ i_\mathrm{b} &= I_\mathrm{m} \sin(\omega t - \tfrac{2}{3}\pi) \\ i_\mathrm{c} &= I_\mathrm{m} \sin(\omega t - \tfrac{4}{3}\pi) \end{aligned} \quad (9.2)$$

となる．

9.1.1 三相交流の発生

三相交流は**三相交流発電機**により発生する．現在，一般的に最もよく使用されているのは三相同期発電機である．三相交流発電機の代表的な原理図を示す．発電機は大きく2つの部分に分けられる．

回転子

通常，界磁とよばれる磁石が取り付けられている．外部の力によって回転する．小型の場合，電力が不要である永久磁石を用いることもあるが，電力系統に用いられているような大型の発電機の場合は電磁石を用いる．

固定子

鉄心に固定されており，巻線（コイル）が施されている．この巻線を回転子に取り付けられた電磁石が通過することで，磁束変化が発生する．その結果，巻線に誘導起電力が発生する．巻線1つに対しては一定速度で回転する磁石

9.1 対称三相交流

による磁束変化は正弦波になる．そして図9.1のように巻線がU, V, Wの3組，お互いの位置を回転方向に$\frac{2}{3}\pi$ [rad] ずらして配置することで，位相が$\frac{2}{3}\pi$ [rad] ずれた対称三相交流が発生することになる．ここで三相交流の周波数は回転子の回転速度によって決まる．つまり東日本と西日本では電源の周波数が違うが，これは発電機の回転数が東日本と西日本で異なっていることを意味する．

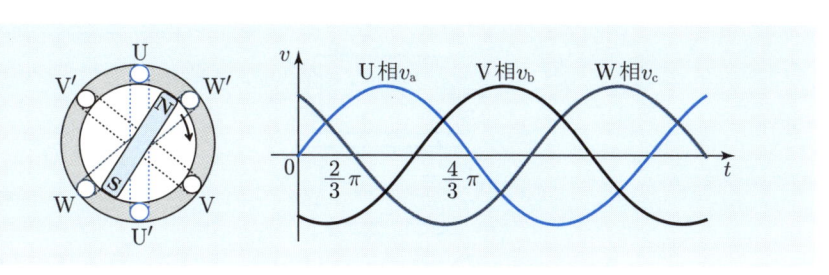

図9.1 三相交流発電機原理図

9.1.2 対称三相交流のフェーザ表示

図9.2に三相交流のお互いの関係をフェーザ表示で示す．このフェーザ表示から分かるように各相の電圧ベクトルを足し合わせるとゼロとなる．

$$\dot{v}_a + \dot{v}_b + \dot{v}_c = 0 \tag{9.3}$$

電流についても全く同様に次式となる．

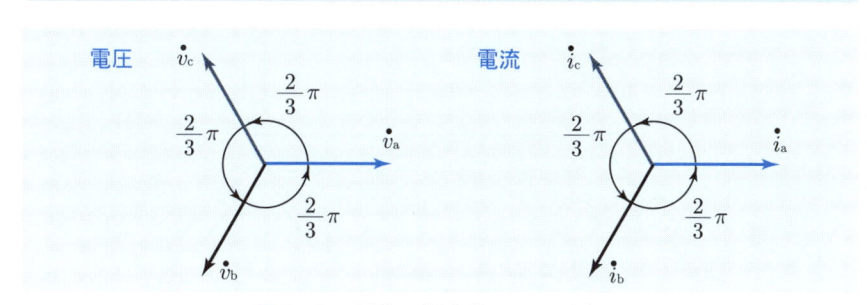

$$\dot{i}_a + \dot{i}_b + \dot{i}_c = 0 \tag{9.4}$$

図9.2 対称三相交流フェーザ表示

9.2 対称三相交流の接続

9.2.1 単相から三相結線へ

対称三相交流の接続について考える．まず図9.3のように3つの単相交流電源にそれぞれ負荷を接続しているとする．この状態が単相交流3回線の状態である．

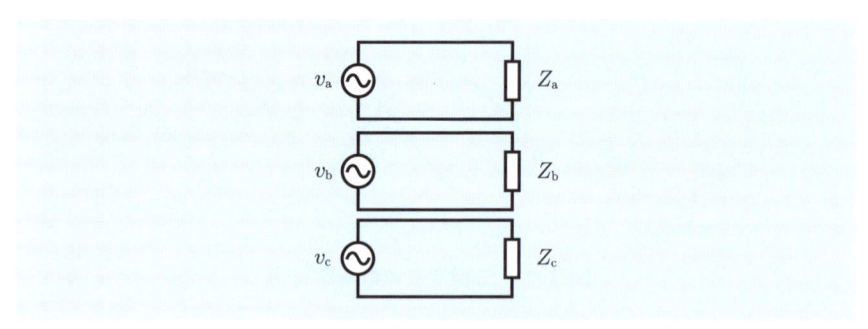

図9.3 単相交流3回線

これを図9.4のように変形する．すると真ん中にある3本の回線を1つにまとめることができる．

この3本の接合点の電位に注目すると，図9.2のフェーザ表示で示したように，3つの電源電圧を足し合わせるとゼロになる．さらに各相の負荷が

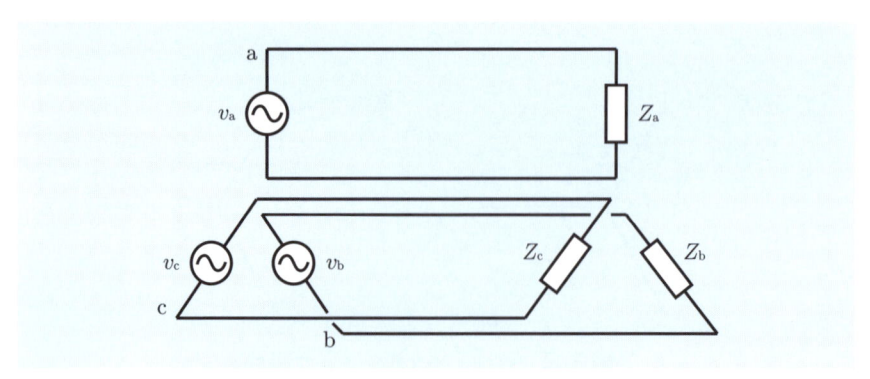

図9.4 三相結線における回線の省略

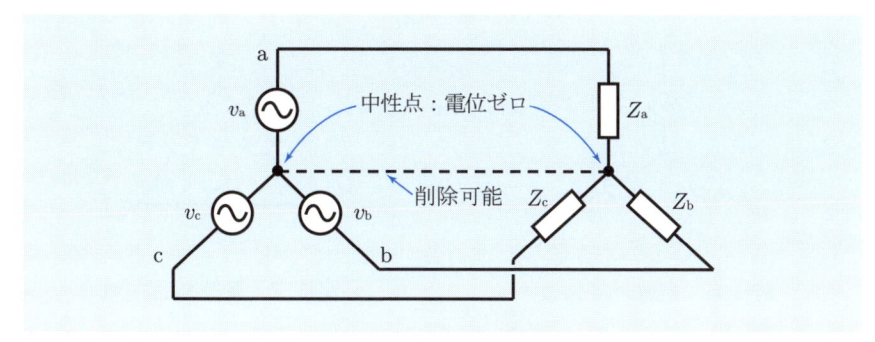

図9.5 三相交流結線

$Z_a = Z_b = Z_c$ であれば負荷側の接合点の電位もゼロとなる．よって，この接合点を**中性点** n とよぶ．中性点においては電位がゼロであるので，この両者を結ぶ線も不要となる．

なお，この中性点は電位がゼロであるので，同じく電位がゼロの地面と接続しても電流が流れない．そこで，安全対策として，この中性点と地面を接続することがある．これを**接地**する，もしくは**アース**をとるとよぶ（冷蔵庫や洗濯機のアースと同じ目的で接続される）．接地をしておくと正常な状態では電流が流れないが，三相のうちのどこかで回路の断線や短絡が起こったりして異常電流が流れたとき，その異常電流を地面に逃がすことで回路を保護することができる．

図9.5に三相交流の結線図を示す．三相交流電力を送るために必要な線はさらに1本減ることになり，合計3本で済む．このように単相を3回線で送るより効率よく電力を送れることが分かる．

9.2.2 Y結線とΔ結線

三相交流では **Y 結線**と **Δ 結線**の2つの結線方法がある．前節で学んだ接続は電源や負荷がYを逆さにした形で結線されているので，Y 結線（もしくは**星型，スター結線**）とよばれる．もう一つの結線は正三角形のそれぞれの辺に電源や負荷を接続する形で Δ 結線（もしくは**三角結線**）とよばれる．

三相交流回路においては電源側の結線で Y と Δ，負荷側でも同じく Y と Δ の 2 通りずつあるので，合わせて 4 通りの組合せができる．例えば，電源，負荷ともに Δ 結線の場合は図9.10のようになる．

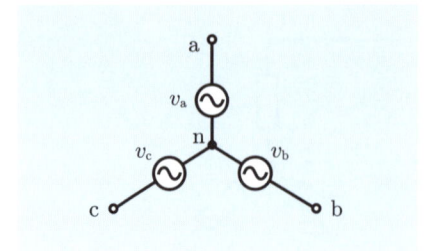

図9.6 電源のY結線

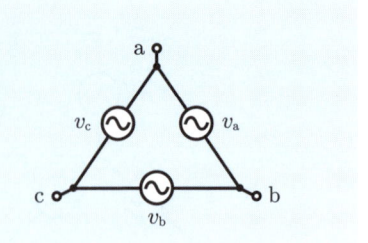

図9.7 電源のΔ結線

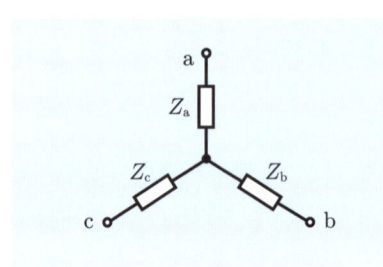

図9.8 負荷のY結線

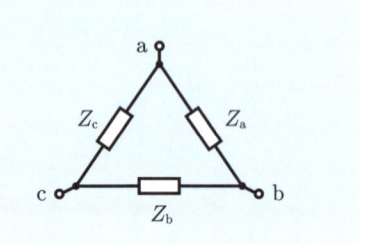

図9.9 負荷のΔ結線

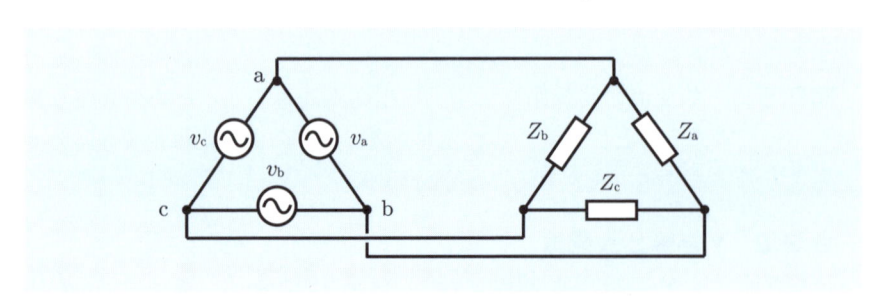

図9.10 三相交流Δ結線

9.3 相電圧と線間電圧

三相交流においてa, b, cの各相に加わる電圧を**相電圧**,電源と負荷を結ぶ各線間に加わる電圧を**線間電圧**とよぶ.相電圧と線間電圧の関係はY結線とΔ結線によって異なる.

Y結線の場合

Y結線の場合は,相電圧 $\dot{V}_a$, $\dot{V}_b$, $\dot{V}_c$ と線間電圧 $\dot{V}_{ab}$, $\dot{V}_{bc}$, $\dot{V}_{ca}$ は図9.11に示す電圧となる.

図9.11から相電圧と線間電圧の関係をベクトルで表すと,図9.12のベクトルの関係を得ることができる.

ベクトル図より線間電圧と相電圧の関係は次式で表される.

$$\begin{aligned} \dot{V}_{ab} &= \dot{V}_a - \dot{V}_b = \sqrt{3}\,V_a \angle \tfrac{\pi}{6} \\ \dot{V}_{bc} &= \dot{V}_b - \dot{V}_c = \sqrt{3}\,V_b \angle \tfrac{\pi}{6} \\ \dot{V}_{ca} &= \dot{V}_c - \dot{V}_a = \sqrt{3}\,V_c \angle \tfrac{\pi}{6} \end{aligned} \tag{9.5}$$

つまり,線間電圧は相電圧に対して大きさは $\sqrt{3}$ 倍となり,位相が $\tfrac{\pi}{6}$ 進む.逆に相電圧は線間電圧に対して大きさは $\tfrac{1}{\sqrt{3}}$ 倍となり,位相が $\tfrac{\pi}{6}$ 遅れる.

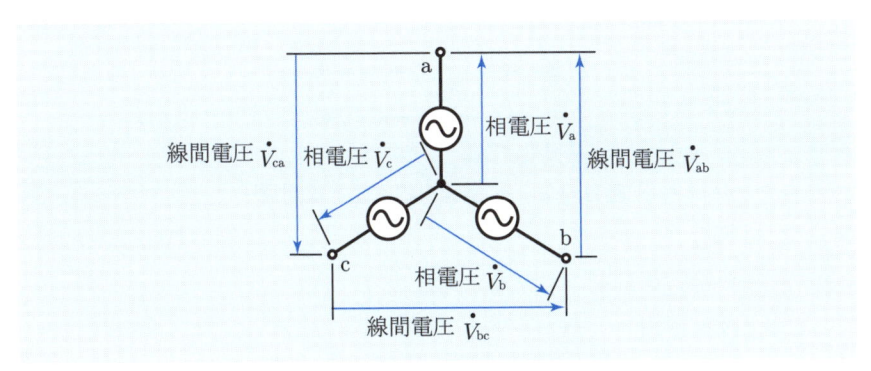

図9.11 Y結線の相電圧と線間電圧

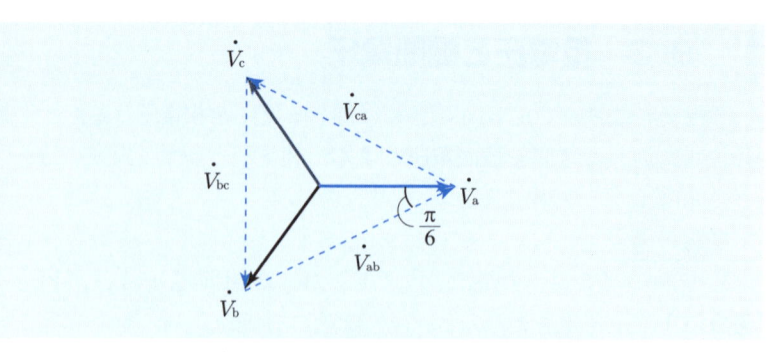

図9.12　相電圧と線間電圧のベクトルの関係

△結線の場合

△結線の場合は，相電圧と線間電圧は図9.13に示す電圧となる．つまり相電圧と線間電圧は一致する．

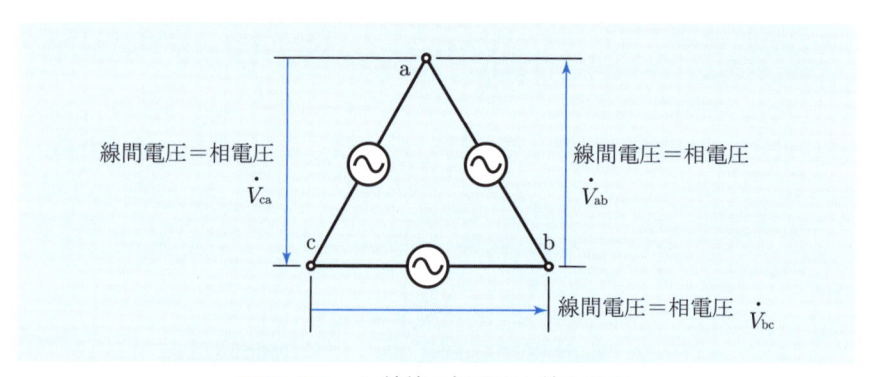

図9.13　△結線の相電圧と線間電圧

9.4 相電流と線電流

三相交流においてa, b, cの各相に流れる電圧を**相電流**，電源と負荷を結ぶ各線に流れる電流を**線電流**とよぶ．相電流と線電流の関係は電圧と同様，Y結線とΔ結線によって異なる．

Y結線の場合

Y結線の場合は，相電流 $\dot{I}_a, \dot{I}_b, \dot{I}_c$ と線電流 $\dot{I}_{ab}, \dot{I}_{bc}, \dot{I}_{ca}$ は図9.14に示すように一致する．

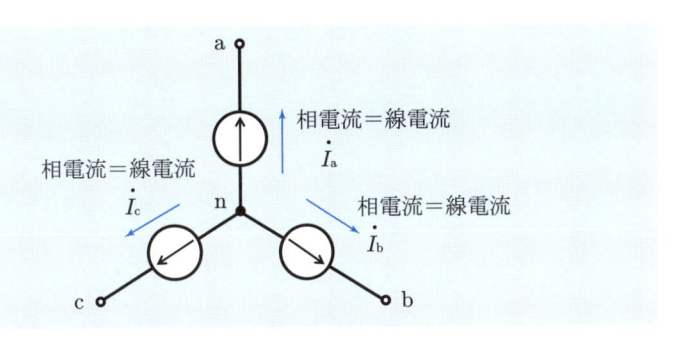

図9.14 Y結線の相電流と線電流

Δ結線の場合

Δ結線の場合は，相電流と線電流は図9.15に示す電流となる．

図9.15から相電流と線電流の関係をベクトルで表すと，図9.16のベクトルの関係を得ることができる．

ベクトル図より相電流と線電流の関係は次式で表される．

$$\begin{aligned}\dot{I}_a &= \dot{I}_{ab} - \dot{I}_{ca} = \sqrt{3}\, I_{ab} \angle(-\tfrac{\pi}{6}) \\ \dot{I}_b &= \dot{I}_{bc} - \dot{I}_{ab} = \sqrt{3}\, I_{bc} \angle(-\tfrac{\pi}{6}) \\ \dot{I}_c &= \dot{I}_{ca} - \dot{I}_{bc} = \sqrt{3}\, I_{ca} \angle(-\tfrac{\pi}{6})\end{aligned} \quad (9.6)$$

つまり，相電流は線電流に対して大きさが $\sqrt{3}$ 倍となり，位相が $\tfrac{\pi}{6}$ 遅れる．逆に線電流は相電流に対して大きさが $\tfrac{1}{\sqrt{3}}$ 倍となり，位相が $\tfrac{\pi}{6}$ 進む．

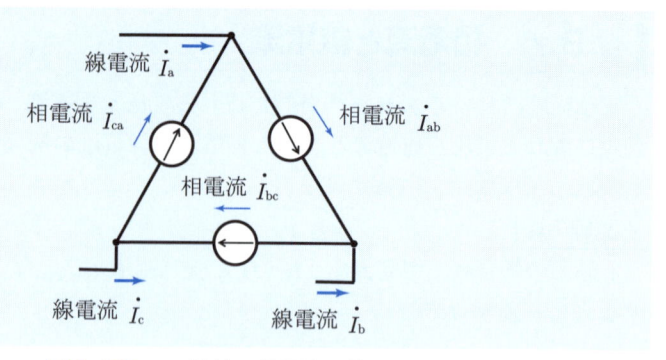

図9.15　△結線の相電流と線電流

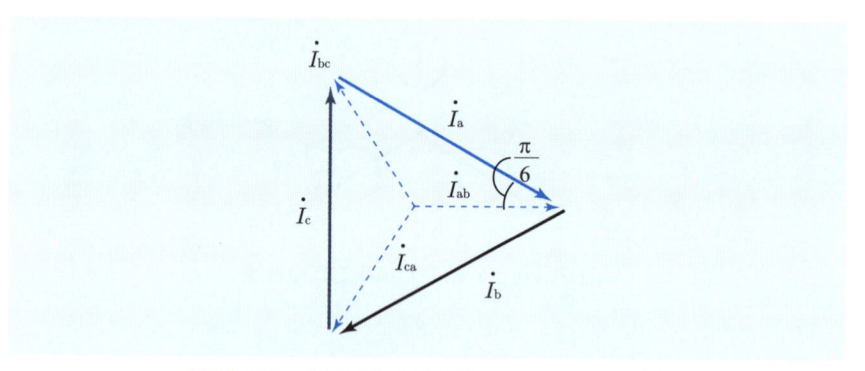

図9.16　相電流と線間電流のベクトルの関係

9.5　Y負荷とΔ負荷の関係

次に負荷がY結線されている場合（Y負荷）とΔ結線されている場合（Δ負荷）について考える．いま，電源はY結線されているとする．また，いま，対称三相交流で，負荷も各相で同じであると考えるので，各相の電圧，電流は同じである．よって，1つの相について考えればよい．

Y負荷の場合

図9.17のように負荷 Z_Y がY結線されている．電源と負荷の相電圧は同じであるので，負荷に流れる電流 i_Y は

$$i_Y = \frac{v}{Z_Y} \tag{9.7}$$

よって，負荷 Z_Y で消費される瞬時電力 p_Y は

$$\begin{aligned} p_Y &= i_Y^2 Z_Y \\ &= \frac{v^2}{Z_Y} \end{aligned} \tag{9.8}$$

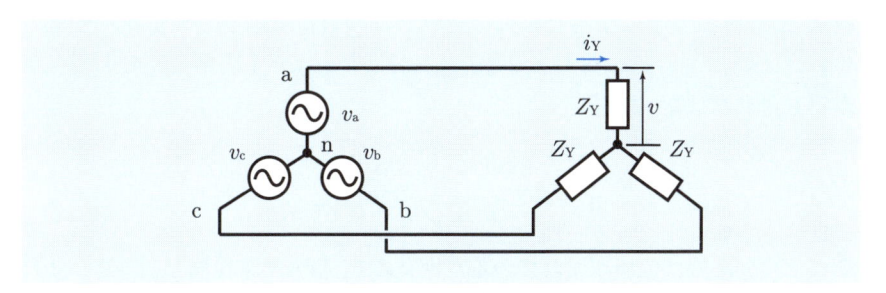

図9.17　Y負荷の接続

Δ負荷の場合

次に図9.18のように負荷がΔ接続されている場合について考える．まず，電源電圧 v と負荷電圧 v_Δ の関係は式(9.5)のY結線とΔ結線の関係より

$$v_\Delta = \sqrt{3}\, v \angle \frac{\pi}{6} \tag{9.9}$$

負荷 Z_Δ に流れる電流 i_Δ は

$$i_\Delta = \sqrt{3}\, \frac{v \angle \frac{\pi}{6}}{Z_\Delta} \tag{9.10}$$

よって，負荷 Z_Δ で消費される瞬時電力 p_Δ は

$$p_\Delta = i_\Delta^2 Z_\Delta$$
$$= \frac{3(v\angle\frac{\pi}{6})^2}{Z_\Delta} \tag{9.11}$$

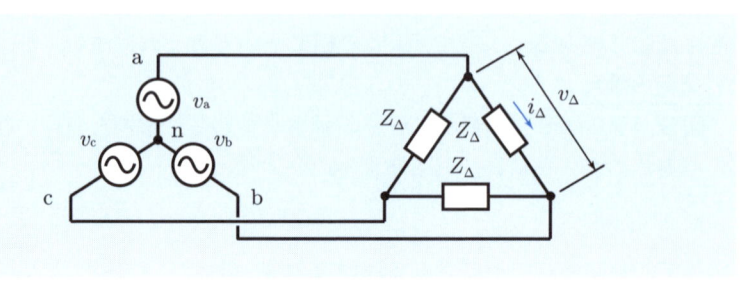

図9.18 △負荷の接続

ここで Y 負荷を △ 負荷で表した場合の等価負荷を求める．ここで，Y 負荷と △ 負荷が等価になるためにはそれぞれの負荷で消費される電力が等しければよい．よって，電力，つまり p_Y および p_Δ を 1 周期分積分した結果が等しければよいので

$$\int_0^{2\pi} p_Y dt = \int_0^{2\pi} p_\Delta dt$$
$$\frac{1}{Z_Y}\int_0^{2\pi} v^2 dt = \frac{3}{Z_\Delta}\int_0^{2\pi} (v\angle\tfrac{\pi}{6})^2 dt \tag{9.12}$$

ここで積分部分は位相がずれているだけなので，積分結果は同じになる．よって，等価回路である条件は

$$Z_\Delta = 3Z_Y \tag{9.13}$$

となる．

9.6 対称三相交流の電力

対称三相交流の電力を求める．いま，図9.19のように対称三相交流電源があり，負荷 Z が接続されている．この負荷の位相角を θ とする．

$$\dot{Z} = Z\angle\theta \tag{9.14}$$

三相交流電圧は

$$\begin{aligned} v_a &= V_m \sin\omega t \\ v_b &= V_m \sin(\omega t - \tfrac{2}{3}\pi) \\ v_c &= V_m \sin(\omega t - \tfrac{4}{3}\pi) \end{aligned} \tag{9.15}$$

三相交流電流は

$$\begin{aligned} i_a &= I_m \sin(\omega t - \theta) \\ i_b &= I_m \sin(\omega t - \tfrac{2}{3}\pi - \theta) \\ i_c &= I_m \sin(\omega t - \tfrac{4}{3}\pi - \theta) \end{aligned} \tag{9.16}$$

となる．

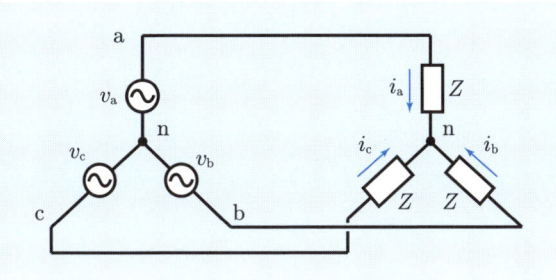

図9.19 三相交流回路

各相の瞬時電力は

$$\begin{aligned} p_a &= V_m \sin\omega t\, I_m \sin(\omega t - \theta) \\ &= \tfrac{V_m I_m}{2}\{\cos\theta - \cos(2\omega t - \theta)\} \end{aligned} \tag{9.17}$$

$$
\begin{aligned}
p_\mathrm{b} &= V_\mathrm{m}\sin(\omega t - \tfrac{2}{3}\pi)I_\mathrm{m}\sin(\omega t - \tfrac{2}{3}\pi - \theta)\\
&= \tfrac{V_\mathrm{m}I_\mathrm{m}}{2}\{\cos\theta - \cos(2\omega t - \tfrac{4}{3}\pi - \theta)\} \quad (9.18)\\
p_\mathrm{c} &= V_\mathrm{m}\sin(\omega t - \tfrac{4}{3}\pi)I_\mathrm{m}\sin(\omega t - \tfrac{4}{3}\pi - \theta)\\
&= \tfrac{V_\mathrm{m}I_\mathrm{m}}{2}\{\cos\theta - \cos(2\omega t - \tfrac{8}{3}\pi - \theta)\} \quad (9.19)
\end{aligned}
$$

となる．

三相の瞬時電力は各相の瞬時電力の和となるが，それぞれの第 2 項の和は

$$
\begin{aligned}
&\tfrac{V_\mathrm{m}I_\mathrm{m}}{2}\{-\cos(2\omega t - \theta) - \cos(2\omega t - \tfrac{4}{3}\pi - \theta) - \cos(2\omega t - \tfrac{8}{3}\pi - \theta)\}\\
&= \tfrac{V_\mathrm{m}I_\mathrm{m}}{2}\{-\cos(2\omega t - \theta) - \cos(2\omega t - \tfrac{4}{3}\pi - \theta) - \cos(2\omega t - \tfrac{2}{3}\pi - \theta)\}\\
&= 0 \quad (9.20)
\end{aligned}
$$

よって，三相の瞬時電力 p は

$$
\begin{aligned}
p &= p_\mathrm{a} + p_\mathrm{b} + p_\mathrm{c}\\
&= \tfrac{3}{2}V_\mathrm{m}I_\mathrm{m}\cos\theta \quad (9.21)
\end{aligned}
$$

となる．つまり三相の瞬時電力は時間項がないので，常に一定であることが分かる．実効値 V と I を用いて表すと

$$
\begin{aligned}
p &= \tfrac{3}{2}(\sqrt{2}\,V)(\sqrt{2}\,I)\cos\theta\\
&= 3VI\cos\theta \quad (9.22)
\end{aligned}
$$

となる．

9章の問題

- **9.1** 電圧の波高値が 100 V の電源が Y 結線されている．電源を Δ 結線し，これと同じ線間電圧にしたいとき，各電源の波高値をいくらにすればよいか．

- **9.2** いま，各線に線電流 10 A が流れている．Δ 結線された負荷が接続されているとき，各負荷に流れている電流を求めよ．

- **9.3** Y 結線された電源に Δ 結線された抵抗負荷が接続されている．電源電圧と抵抗負荷に流れる電流の位相差はいくらになるか．

- **9.4** 図1のように Y 結線された対称三相交流電源に Y 結線された負荷 Z が接続されている．$v_a = 100 \sin 120t$ で Z の抵抗は $5\sqrt{3}$，リアクタンスは誘導性で 5 である．

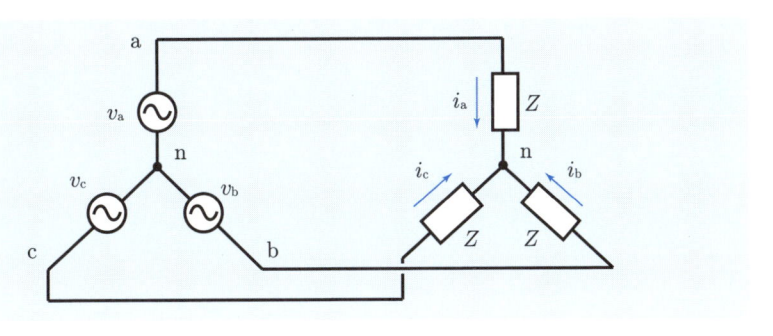

図1

(1) 力率を求めよ．
(2) 線電流を求めよ．
(3) 負荷で消費される電力を求めよ．
(4) 負荷を Δ 結線にした場合，負荷で消費される電力を求めよ．

第10章

二端子対回路

　二端子対回路（四端子回路）とは入力と出力の端子が二対ある回路網である．回路網の中身が未知であっても入力と出力の電圧および電流が分かれば回路網の性質が分かる．

　ここでは二端子対回路について，基本的な性質，接続などについて学ぶ．

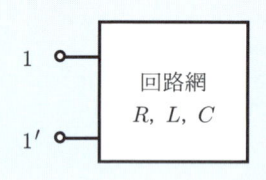

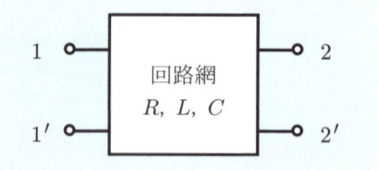

10.1 一端子対回路と二端子対回路

まず図10.1に示す**一端子対回路**について学ぶ．これは回路網に端子が一対ある回路である．例えば2.3節で学んだテブナンの定理もこの一端子回路についての定理であるし，コンセントにつないで動作させる家電製品も同様である．これに対して図10.2で示されるものが二端子対回路である．

図10.1 一端子対回路

図10.2 二端子対回路

図10.3，図10.4のように端子に電源電圧 V を接続する．そのとき，電流 I が流れるとする．電圧と電流の関係は回路網のインピーダンスを Z とすると

$$V = ZI \tag{10.1}$$

ここで，既知の V が**励振**，未知の I が**応答**となる．Z は**駆動点インピーダンス**ともよばれる．

端子に電流源 I を接続する．回路網のアドミタンスを $Y\ (=\frac{1}{Z})$ とすると

$$I = YV = \frac{1}{Z}V \tag{10.2}$$

となる．ここで，既知の I が励振，未知の V が応答となる．Y は**駆動点アドミタンス**ともよばれる．

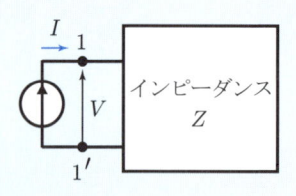

図10.3 一端子対回路のインピーダンス Z

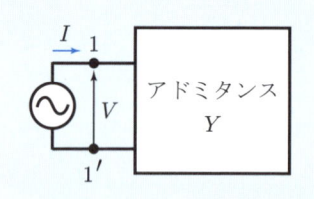

図10.4 一端子対回路のアドミタンス Y

10.1 一端子対回路と二端子対回路

このように一端子対回路においては電圧もしくは電流の一方の値が決まればもう一方の値が決定する．

回路網に端子が二組あるものが二端子対回路となる．図10.5に二端子対回路の接続例を示す．回路網には電源と負荷の間に様々な機能を持った回路，例えば，フィルタや電力変換，増幅回路，電圧・電流を安定化させる回路などが入る．

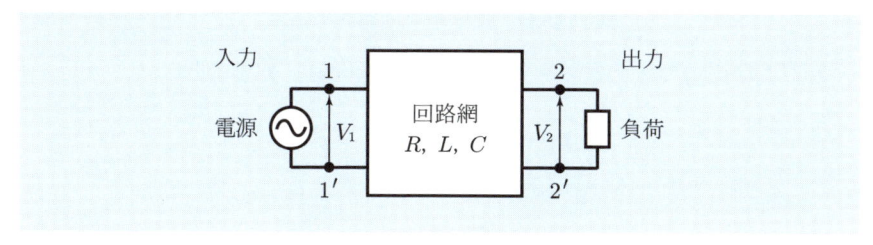

図10.5 二端子対回路網の例

ここで左側の端子 1-1' が入力，右側を端子 2-2' が出力端子となる．図10.6のように端子 1-1' の電圧を V_1，回路に流れ込む電流を I_1，端子 2-2' の電圧を V_2，電流を I_2 とする．回路網の中に m 個の電流ループが存在するとすると，回路方程式が m 個存在することとなる．よって，二端子対回路は一般的に次の行列で表現できる．ただし，I_i は i 番目の回路網に流れる電流ループ，z_{ij} は i 番目のループと j 番目のループに共通に含まれるインピーダンスである．

$$\begin{pmatrix} V_1 \\ V_2 \\ 0 \\ \vdots \\ 0 \end{pmatrix} = \begin{pmatrix} z_{11} & z_{12} & \cdots & z_{1m} \\ z_{21} & z_{22} & \cdots & z_{2m} \\ z_{31} & z_{32} & \cdots & z_{3m} \\ \vdots & \vdots & \ddots & \vdots \\ z_{m1} & z_{m2} & \cdots & z_{mm} \end{pmatrix} \begin{pmatrix} I_1 \\ I_2 \\ I_3 \\ \vdots \\ I_m \end{pmatrix} \quad (10.3)$$

ここでいま注目するのは入力端子と出力端子の電圧と電流の値のみであるので，回路網内はブラックボックス（回路網の中の素子構成の内容は考えず，

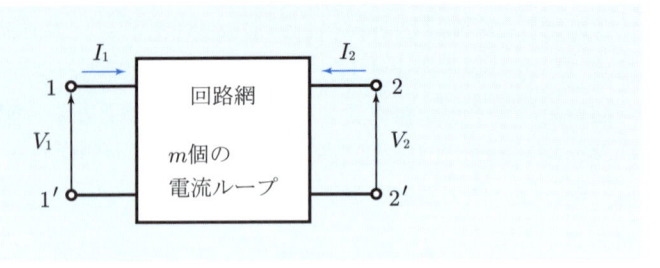

図10.6 二端子対回路網の基本

入力および出力端子の電圧・電流により判断する）とすると

$$\begin{pmatrix} V_1 \\ V_2 \end{pmatrix} = \begin{pmatrix} Z_{11} & Z_{12} \\ Z_{21} & Z_{22} \end{pmatrix} \begin{pmatrix} I_1 \\ I_2 \end{pmatrix} \tag{10.4}$$

　二端子対回路においては入力端子と出力端子についてそれぞれ電圧，電流の値がある．4つの値のうち2つが既知であれば，回路網の性質が分かると残りの2つの未知の値が求まる．例えば，式 (10.4) は入力電流 I_1 と出力電流 I_2 が既知であり，回路網のインピーダンスが分かることで入力電圧 V_1 と出力電圧 V_2 が求まることを表している．

　よって，未知の値は入力，出力の電圧・電流合わせて4つの値の中から2つ選ぶことになる．これには多数の組合せがあるが，回路解析において用いられるものは次の表10.1にあるように4通りである．それぞれの組合せにおいて回路網を記述する行列があり，**インピーダンス行列**，**アドミタンス行列**，**基本行列**，**ハイブリッド行列**とよばれる．

表10.1 二端子対回路の解析

未知	既知	回路網を記述する行列	行列の記号
V_1, V_2	I_1, I_2	インピーダンス行列	Z
I_1, I_2	V_1, V_2	アドミタンス行列	Y
V_1, I_1	V_2, I_2	基本行列	F
V_1, I_2	I_1, V_2	ハイブリッド行列	H

10.2 インピーダンス行列

図 10.7 のように二端子対回路について，電流 I_1 と I_2 が既知の値であり，V_1 と V_2 が未知の値であるとする．この二端子対回路の電圧と電流の関係（電流から電圧を求める）は次の行列で表現される．

$$\begin{pmatrix} V_1 \\ V_2 \end{pmatrix} = Z \begin{pmatrix} I_1 \\ I_2 \end{pmatrix} \tag{10.5}$$

ここで行列 Z は**インピーダンス行列**または **Z 行列**とよび，行列 Z の各要素は次式で表される．

$$Z = \begin{pmatrix} Z_{11} & Z_{12} \\ Z_{21} & Z_{22} \end{pmatrix} \tag{10.6}$$

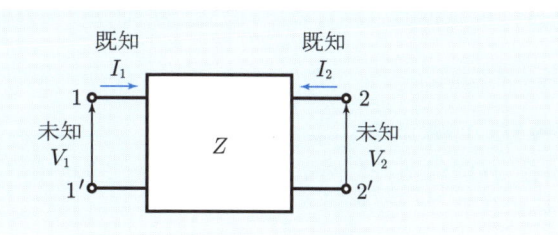

図 10.7 インピーダンス行列

ここで行列 Z の各要素 $Z_{11}, Z_{12}, Z_{21}, Z_{22}$ は**インピーダンスパラメータ**とよばれ次のようにして求められる．

- Z_{11}　出力端子を開放し $I_2 = 0$ としたときの V_1 と I_1 の比である．よって，これは**入力インピーダンス**となる．また Z_{11} は駆動点インピーダンスとなる．

$$Z_{11} = \left[\frac{V_1}{I_1} \right]_{I_2=0} \tag{10.7}$$

- Z_{12}　入力端子を開放し $I_1 = 0$ としたときの V_1 と I_2 の比である．Z_{12} を**伝達インピーダンス**とよぶ．

$$Z_{12} = \left[\frac{V_1}{I_2} \right]_{I_1=0} \tag{10.8}$$

- Z_{21}　出力端子を開放し $I_2 = 0$ としたときの V_2 と I_1 の比であり，伝達インピーダンスとなる．

$$Z_{21} = \left[\frac{V_2}{I_1}\right]_{I_2=0} \tag{10.9}$$

- Z_{22}　入力端子を開放し $I_1 = 0$ としたときの V_2 と I_2 の比である．よって，これは**出力インピーダンス**となる．また，Z_{22} は駆動点インピーダンスとなる．

$$Z_{22} = \left[\frac{V_2}{I_2}\right]_{I_1=0} \tag{10.10}$$

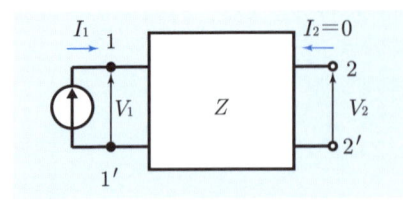

図10.8　出力端開放（$\boldsymbol{Z_{11}, Z_{21}}$） 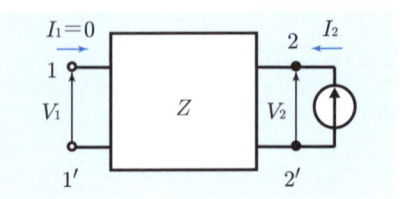　　図10.9　入力端開放（$\boldsymbol{Z_{12}, Z_{22}}$）

次に基本的な回路についてインピーダンス行列を求める．

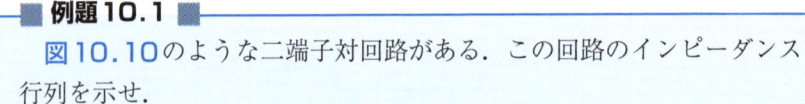

■ 例題10.1 ■

図10.10のような二端子対回路がある．この回路のインピーダンス行列を示せ．

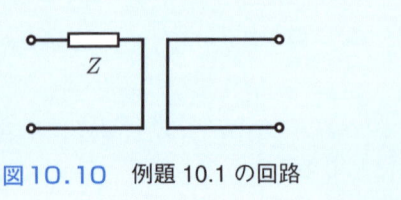

図10.10　例題 10.1 の回路

【解答】　図10.11を用いて出力端を開放した場合のパラメータ Z_{11} と Z_{21} を求める．

$$\begin{aligned}
Z_{11} &= \left[\frac{V_1}{I_1}\right]_{I_2=0} \\
&= \left[\frac{I_1 Z}{I_1}\right] = Z \\
Z_{21} &= \left[\frac{V_2}{I_1}\right]_{I_2=0} \\
&= \left[\frac{0}{I_1}\right] = 0
\end{aligned} \tag{10.11}$$

10.2 インピーダンス行列

次に図10.12を用いて入力端を開放した場合のパラメータ Z_{12} と Z_{22} を求める.

$$\begin{aligned} Z_{12} &= \left[\frac{V_1}{I_2}\right]_{I_1=0} \\ &= \left[\frac{0}{I_2}\right] = 0 \\ Z_{22} &= \left[\frac{V_2}{I_2}\right]_{I_1=0} \\ &= \left[\frac{0}{I_2}\right] = 0 \end{aligned} \tag{10.12}$$

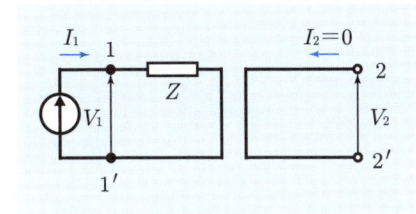

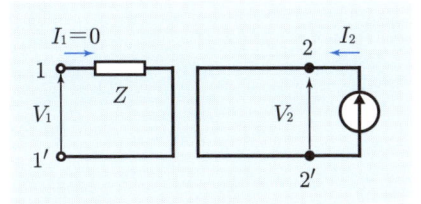

図10.11 出力端開放（Z_{11}, Z_{21}）　　図10.12 入力端開放（Z_{12}, Z_{22}）

よって，この回路のインピーダンス行列 Z は次のようになる.

$$Z = \begin{pmatrix} Z & 0 \\ 0 & 0 \end{pmatrix} \tag{10.13}$$

例題10.1 の図10.10においてインピーダンスの位置が出力端子側になった場合のインピーダンス行列 Z を同様にして求めると，次のようになる.

$$Z = \begin{pmatrix} 0 & 0 \\ 0 & Z \end{pmatrix} \tag{10.14}$$

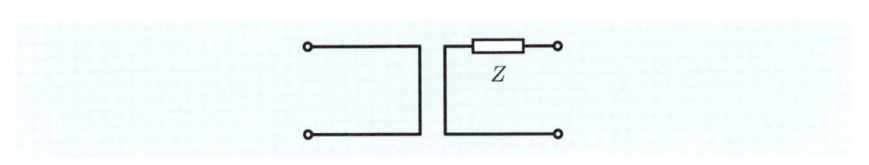

図10.13 例題 10.1 において回路のインピーダンスが出力側

■ 例題10.2 ■

図10.14のような二端子対回路がある．この回路のインピーダンス行列を示せ．

図10.14　例題 10.2 の回路

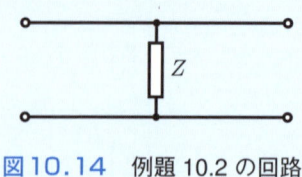

【解答】　図10.15を用いて出力端を開放した場合のパラメータ Z_{11} と Z_{21} を求める．

$$
\begin{aligned}
Z_{11} &= \left[\frac{V_1}{I_1}\right]_{I_2=0} \\
&= \left[\frac{I_1 Z}{I_1}\right] = Z \\
Z_{21} &= \left[\frac{V_2}{I_1}\right]_{I_2=0} \\
&= \left[\frac{I_1 Z}{I_1}\right] = Z
\end{aligned}
\tag{10.15}
$$

次に図10.16を用いて入力端を開放した場合のパラメータ Z_{12} と Z_{22} を求める．

$$
\begin{aligned}
Z_{12} &= \left[\frac{V_1}{I_2}\right]_{I_1=0} = \left[\frac{I_2 Z}{I_2}\right] = Z \\
Z_{22} &= \left[\frac{V_2}{I_2}\right]_{I_1=0} = \left[\frac{I_2 Z}{I_2}\right] = Z
\end{aligned}
\tag{10.16}
$$

よって，この回路のインピーダンス行列 Z は次式のようになる．

$$
Z = \begin{pmatrix} Z & Z \\ Z & Z \end{pmatrix}
\tag{10.17}
$$

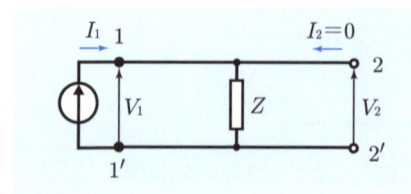

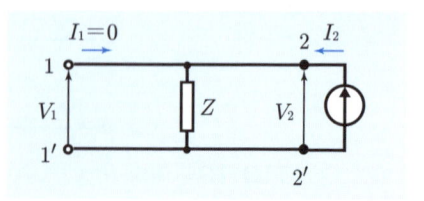

図10.15　出力端開放（Z_{11}, Z_{21}）

図10.16　入力端開放（Z_{12}, Z_{22}）

10.2 インピーダンス行列

■ 例題10.3 ■

図10.17のようなインピーダンスが複数存在する二端子対回路がある．この回路は T 型回路である．この回路のインピーダンス行列を示せ．

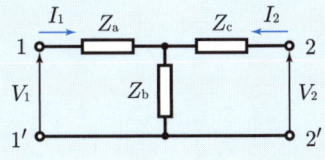

図10.17 例題 10.3 の T 型回路

【解答】 いままでの例題よりも回路が複雑になるが，同様にして出力端と入力端を開放した場合に場合分けしてインピーダンス行列を求めればよい．

まず，図10.18を用いて出力端を開放した場合のパラメータ Z_{11} と Z_{21} を求める．

$$\begin{aligned} Z_{11} &= \left[\frac{V_1}{I_1}\right]_{I_2=0} = \left[\frac{I_1(Z_\mathrm{a}+Z_\mathrm{b})}{I_1}\right] = Z_\mathrm{a} + Z_\mathrm{b} \\ Z_{21} &= \left[\frac{V_2}{I_1}\right]_{I_2=0} = \left[\frac{I_1 Z_\mathrm{b}}{I_1}\right] = Z_\mathrm{b} \end{aligned} \tag{10.18}$$

次に図10.19を用いて入力端を開放した場合のパラメータ Z_{12} と Z_{22} を求める．

$$\begin{aligned} Z_{12} &= \left[\frac{V_1}{I_2}\right]_{I_1=0} = \left[\frac{I_2 Z_\mathrm{b}}{I_2}\right] = Z_\mathrm{b} \\ Z_{22} &= \left[\frac{V_2}{I_2}\right]_{I_1=0} = \left[\frac{I_2(Z_\mathrm{b}+Z_\mathrm{c})}{I_2}\right] = Z_\mathrm{b} + Z_\mathrm{c} \end{aligned} \tag{10.19}$$

よって，この T 型回路のインピーダンス行列 Z は次式となる

$$Z = \begin{pmatrix} Z_\mathrm{a} + Z_\mathrm{b} & Z_\mathrm{b} \\ Z_\mathrm{b} & Z_\mathrm{b} + Z_\mathrm{c} \end{pmatrix} \tag{10.20}$$

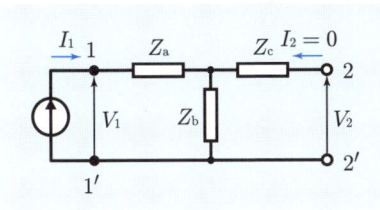

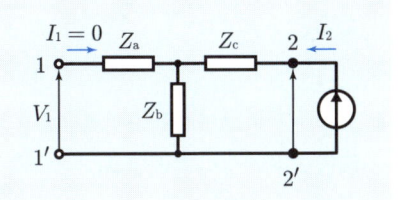

図10.18 出力端開放（Z_{11}, Z_{21}）　　**図10.19** 入力端開放（Z_{12}, Z_{22}）

10.3 アドミタンス行列

図 10.20 のように二端子対回路について,電流 V_1 と V_2 が既知の値であり,I_1 と I_2 が未知の値であるとする.この二端子対回路の電流と電圧の関係(電圧から電流を求める)は次の行列で表現される.

$$\begin{pmatrix} I_1 \\ I_2 \end{pmatrix} = Y \begin{pmatrix} V_1 \\ V_2 \end{pmatrix} \tag{10.21}$$

ここで行列 Y は**アドミタンス行列**または **Y 行列**とよび,次式で表される.

$$Y = \begin{pmatrix} Y_{11} & Y_{12} \\ Y_{21} & Y_{22} \end{pmatrix} \tag{10.22}$$

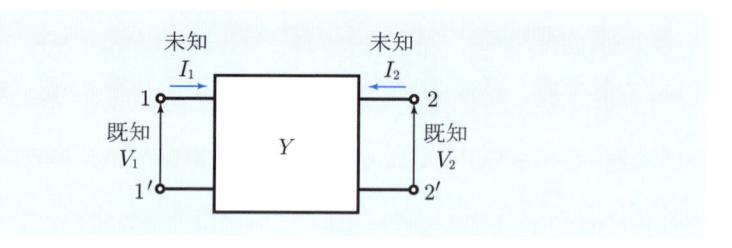

図 10.20　アドミタンス行列

ここで行列 Y の各要素 $Y_{11}, Y_{12}, Y_{21}, Y_{22}$ は**アドミタンスパラメータ**とよばれ次のようにして求められる.

- **Y_{11}** 出力端子を短絡し $V_2 = 0$ としたときの I_1 と V_1 の比である.よって,これは**入力アドミタンス**となる.また,Y_{11} は駆動点アドミタンスとなる.

$$Y_{11} = \left[\frac{I_1}{V_1}\right]_{V_2=0} \tag{10.23}$$

- **Y_{12}** 入力端子を短絡し $V_1 = 0$ としたときの I_1 と V_2 の比である.Y_{12} を**伝達アドミタンス**とよぶ.

$$Y_{12} = \left[\frac{I_1}{V_2}\right]_{V_1=0} \tag{10.24}$$

- Y_{21}　出力端子を短絡し $V_2 = 0$ としたときの I_2 と V_1 の比であり，伝達アドミタンスとなる．

$$Y_{21} = \left[\frac{I_2}{V_1}\right]_{V_2=0} \tag{10.25}$$

- Y_{22}　入力端子を短絡し $V_1 = 0$ としたときの I_2 と V_2 の比である．よって，これは**出力アドミタンス**となる．また，Y_{22} は駆動点アドミタンスとなる．

$$Y_{22} = \left[\frac{I_2}{V_2}\right]_{V_1=0} \tag{10.26}$$

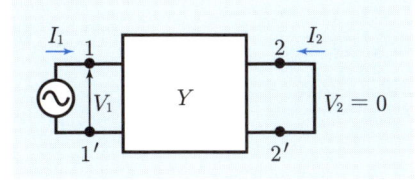

図 10.21　出力端短絡（Y_{11}, Y_{21}） 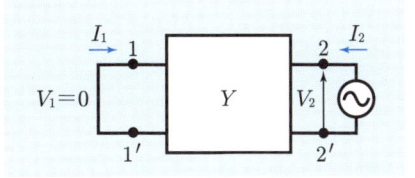　　**図 10.22**　入力端短絡（Y_{12}, Z_{22}）

■ **例題 10.4** ■

図 10.23 のような二端子対回路がある．この回路のアドミタンス行列を示せ．

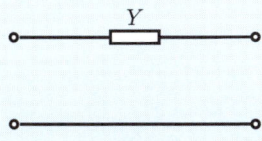

図 10.23　例題 10.4 の回路

【解答】　図 10.24 を用いて出力端を短絡した場合のパラメータ Y_{11} と Y_{21} を求める．

$$\begin{aligned}
Y_{11} &= \left[\frac{I_1}{V_1}\right]_{V_2=0} \\
&= \left[\frac{V_1 Y}{V_1}\right] = Y \\
Y_{21} &= \left[\frac{I_2}{V_1}\right]_{V_2=0} \\
&= \left[\frac{-I_1}{V_1}\right] = \left[\frac{-V_1 Y}{V_1}\right] = -Y
\end{aligned} \tag{10.27}$$

次に図 10.25 を用いて入力端を短絡した場合のパラメータ Y_{12} と Y_{22} を求める.

$$\begin{aligned} Y_{12} &= \left[\frac{I_1}{V_2}\right]_{V_1=0} \\ &= \left[\frac{-I_2}{V_2}\right] = \left[\frac{-V_2 Y}{V_2}\right] = -Y \\ Y_{22} &= \left[\frac{I_2}{V_2}\right]_{V_1=0} \\ &= \left[\frac{V_2 Y}{V_2}\right] = Y \end{aligned} \qquad (10.28)$$

よって,この回路のアドミタンス行列 Y は次のようになる.

$$Y = \begin{pmatrix} Y & -Y \\ -Y & Y \end{pmatrix} \qquad (10.29)$$

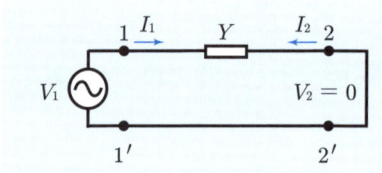

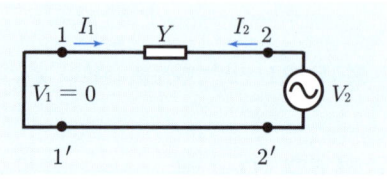

図 10.24　出力端短絡（Y_{11}, Y_{21}）　　　図 10.25　入力端短絡（Y_{12}, Y_{22}）

■ 例題 10.5 ■

図 10.26 のような二端子対回路がある.この回路のアドミタンス行列を示せ.

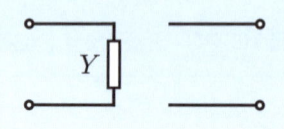

図 10.26　例題 10.5 の回路

【解答】 図 10.27 を用いて出力端を短絡した場合のパラメータ Y_{11} と Y_{21} を求める.

10.3 アドミタンス行列

$$Y_{11} = \left[\frac{I_1}{V_1}\right]_{V_2=0} = \left[\frac{V_1 Y}{V_1}\right] = Y$$
$$Y_{21} = \left[\frac{I_2}{V_1}\right]_{V_2=0} = \left[\frac{0}{V_1}\right] = 0$$
(10.30)

次に**図10.28**を用いて入力端を短絡した場合のパラメータ Y_{12} と Y_{22} を求める．

$$Y_{12} = \left[\frac{I_1}{V_2}\right]_{V_1=0} = \left[\frac{0}{V_2}\right] = 0$$
$$Y_{22} = \left[\frac{I_2}{V_2}\right]_{V_1=0} = \left[\frac{0}{V_2}\right] = 0$$
(10.31)

よって，この回路のアドミタンス行列 Y は次のようになる．

$$Y = \begin{pmatrix} Y & 0 \\ 0 & 0 \end{pmatrix} \quad (10.32)$$

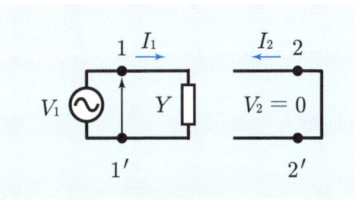

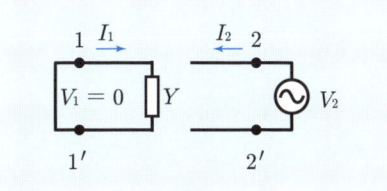

図10.27 出力端短絡（Y_{11}, Y_{21}） 　　図10.28 入力端短絡（Y_{12}, Y_{22}）

例題 10.5 の**図10.26**においてアドミタンスの位置が出力端子側になった場合のアドミタンス行列 Y を同様にして求めると，次のようになる．

$$Y = \begin{pmatrix} 0 & 0 \\ 0 & Y \end{pmatrix} \quad (10.33)$$

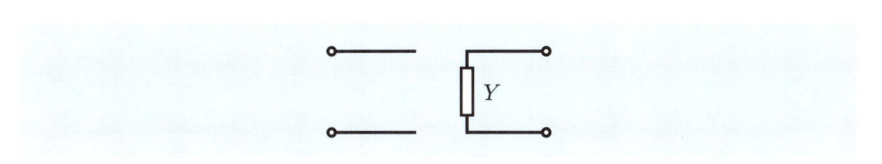

図10.29 例題 10.5 において回路のアドミタンスが出力端子側

例題 10.6

図 10.30 のような複数のアドミタンスが存在する二端子対回路がある．この回路は π 型回路とよばれる．この回路のアドミタンス行列を示せ．

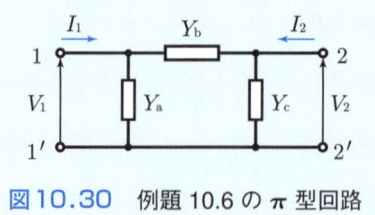

図 10.30 例題 10.6 の π 型回路

【解答】 **図 10.31** を用いて出力端を短絡した場合のパラメータ Y_{11} と Y_{21} を求める．

$$Y_{11} = \left[\frac{I_1}{V_1}\right]_{V_2=0} = \left[\frac{V_1(Y_\mathrm{a}+Y_\mathrm{b})}{V_1}\right] = Y_\mathrm{a} + Y_\mathrm{b}$$
$$Y_{21} = \left[\frac{I_2}{V_1}\right]_{V_2=0} = \left[\frac{-I_1}{V_1}\right]\left[\frac{-V_1 Y_\mathrm{b}}{V_1}\right] = -Y_\mathrm{b} \tag{10.34}$$

次に**図 10.32** を用いて入力端を短絡した場合のパラメータ Y_{12} と Y_{22} を求める．

$$Y_{12} = \left[\frac{I_1}{V_2}\right]_{V_1=0} = \left[\frac{-I_2}{V_2}\right] = \left[\frac{-V_2 Y_\mathrm{b}}{V_2}\right] = -Y_\mathrm{b}$$
$$Y_{22} = \left[\frac{I_2}{V_2}\right]_{V_1=0} = \left[\frac{V_2(Y_\mathrm{b}+Y_\mathrm{c})}{V_2}\right] = Y_\mathrm{b} + Y_\mathrm{c} \tag{10.35}$$

よって，この π 型回路のアドミタンス行列 Y は次のようになる．

$$Y = \begin{pmatrix} Y_\mathrm{a} + Y_\mathrm{b} & -Y_\mathrm{b} \\ -Y_\mathrm{b} & Y_\mathrm{b} + Y_\mathrm{c} \end{pmatrix} \tag{10.36}$$

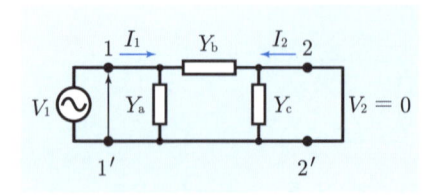

図 10.31 出力端短絡 (Y_{11}, Y_{21}) 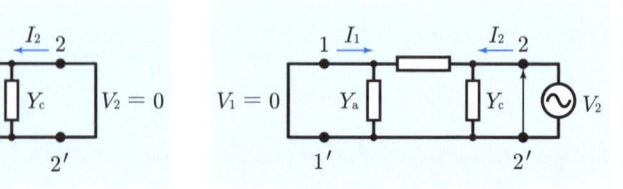 **図 10.32** 入力端短絡 (Y_{12}, Y_{22})

10.4 基本行列

図 10.33 のような二端子対回路について，電流 V_2 と I_2 が既知の値であり，V_1 と I_1 が未知の値であるとする．この二端子対回路の出力端子と入力端子の関係（出力端子の値から入力端子の値を求める）は次の行列で表現される．ただし，出力端子の電圧 I_2 の向きが他の行列と逆になっていることに注意が必要である．

$$\begin{pmatrix} V_1 \\ I_1 \end{pmatrix} = F \begin{pmatrix} V_2 \\ -I_2 \end{pmatrix} \tag{10.37}$$

ここで行列 F は**基本行列**または **F 行列**とよび，次式で表される．

$$F = \begin{pmatrix} A & B \\ C & D \end{pmatrix} \tag{10.38}$$

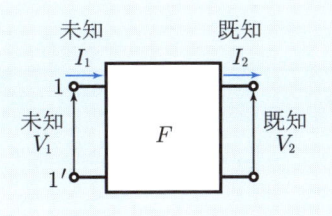

図 10.33 基本行列

ここで行列 F の各要素 A, B, C, D は **F パラメータ**とよばれ図 10.34 および図 10.35 のようにして求められる．

- **A** 出力端子を開放し $I_2 = 0$ としたときの V_1 と V_2 の比である．よって，これは電圧の増幅度の逆数となり，**電圧伝送係数**とよばれる．

$$A = \left[\frac{V_1}{V_2} \right]_{I_2=0} \tag{10.39}$$

- **B** 出力端子を短絡し $V_2 = 0$ としたときの V_1 と I_2 の比である．よって B は伝達インピーダンスである．

$$B = \left[\frac{V_1}{I_2} \right]_{V_2=0} \tag{10.40}$$

- **C** 出力端子を開放し $I_2 = 0$ としたときの I_1 と V_2 の比である．よって C は伝達アドミタンスである．

$$C = \left[\frac{I_1}{V_2}\right]_{I_2=0} \tag{10.41}$$

- **D** 出力端子を短絡し $V_2 = 0$ としたときの I_1 と I_2 の比である．よって，これは電流増幅率の逆数となり，**電流伝送係数**とよばれる．

$$D = \left[\frac{I_1}{I_2}\right]_{V_2=0} \tag{10.42}$$

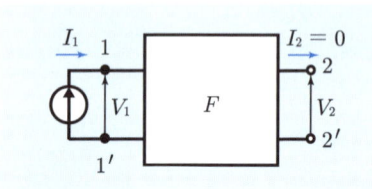

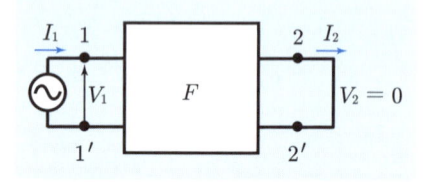

図 10.34 出力端開放 (A, C)   図 10.35 出力端短絡 (B, D)

■ 例題 10.7 ■

図 10.36 のような二端子対回路がある．この回路の基本行列を示せ．

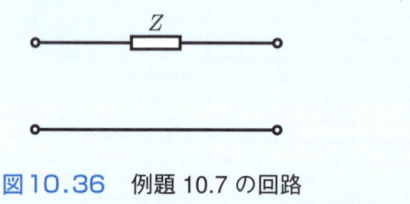

図 10.36 例題 10.7 の回路

【解答】 図 10.37 を用いて出力端を開放した場合のパラメータ A と C を求める．

$$\begin{aligned} A &= \left[\frac{V_1}{V_2}\right]_{I_2=0} = \left[\frac{V_2}{V_2}\right] \\ &= 1 \\ C &= \left[\frac{I_1}{V_2}\right]_{I_2=0} = \left[\frac{I_2}{V_2}\right] \\ &= 0 \end{aligned} \tag{10.43}$$

次に図 10.38 を用いて出力端を短絡した場合のパラメータ B と D を求

10.4 基本行列

める．

$$B = \left[\frac{V_1}{I_2}\right]_{V_2=0} = \left[\frac{I_1 Z}{I_2}\right]$$
$$= \left[\frac{I_2 Z}{I_2}\right] = Z$$
$$D = \left[\frac{I_1}{I_2}\right]_{V_2=0} = \left[\frac{I_2}{I_2}\right]$$
$$= 1 \tag{10.44}$$

よって，この回路の基本行列 F は次のようになる．

$$F = \begin{pmatrix} 1 & Z \\ 0 & 1 \end{pmatrix} \tag{10.45}$$

図10.37 出力端開放 (A, C)

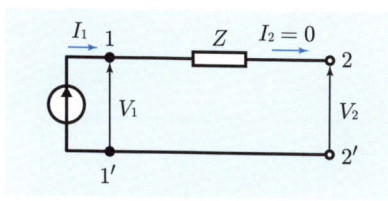

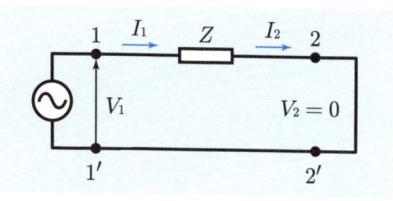

図10.38 出力端短絡 (B, D)

■ 例題10.8 ■

図10.39のような二端子対回路がある．この回路の基本行列を示せ．

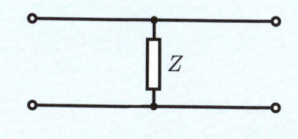

図10.39 例題 10.8 の回路

【解答】 図10.40を用いて出力端を開放した場合のパラメータ A と C を求める．

$$A = \left[\frac{V_1}{V_2}\right]_{I_2=0} = \left[\frac{V_2}{V_2}\right]$$
$$= 1$$
$$C = \left[\frac{I_1}{V_2}\right]_{I_2=0} = \left[\frac{I_1}{I_1 Z}\right]$$
$$= \frac{1}{Z} \tag{10.46}$$

次に図 10.41 を用いて出力端を短絡した場合のパラメータ B と D を求める.

$$\begin{aligned} B &= \left[\frac{V_1}{I_2}\right]_{V_2=0} = \left[\frac{0}{I_2}\right] \\ &= 0 \\ D &= \left[\frac{I_1}{I_2}\right]_{V_2=0} = \left[\frac{I_2}{I_2}\right] \\ &= 1 \end{aligned} \qquad (10.47)$$

よって，この回路の基本行列 F は次のようになる.

$$F = \begin{pmatrix} 1 & 0 \\ \frac{1}{Z} & 1 \end{pmatrix} \qquad (10.48)$$

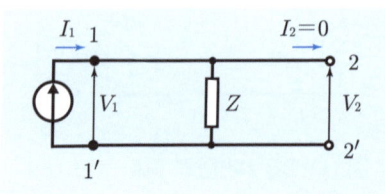

図 10.40　出力端開放（A, C）　　図 10.41　出力端短絡（B, D）

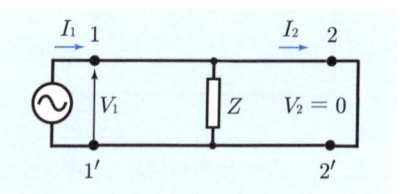

■ **例題 10.9** ■

図 10.42 のような T 型二端子対回路がある．この回路の基本行列を示せ.

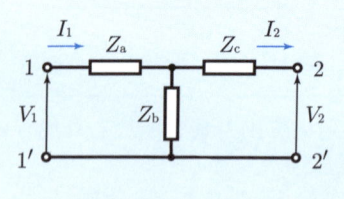

図 10.42　例題 10.9 の T 型二端子対回路

【解答】　図 10.43 を用いて出力端を開放した場合のパラメータ A と C を求める.

10.4 基本行列

$$A = \left[\frac{V_1}{V_2}\right]_{I_2=0} = \left[\frac{I_1(Z_\mathrm{a}+Z_\mathrm{b})}{I_1 Z_\mathrm{b}}\right]$$
$$= \frac{Z_\mathrm{a}+Z_\mathrm{b}}{Z_\mathrm{b}} = 1 + \frac{Z_\mathrm{a}}{Z_\mathrm{b}}$$
$$C = \left[\frac{I_1}{V_2}\right]_{I_2=0} = \left[\frac{I_1}{I_1 Z_\mathrm{b}}\right]$$
$$= \frac{1}{Z_\mathrm{b}} \tag{10.49}$$

次に図10.41を用いて出力端を短絡した場合のパラメータ B と D を求める.

$$B = \left[\frac{V_1}{I_2}\right]_{V_2=0} = \left[\frac{I_1 Z_\mathrm{a}+I_2 Z_\mathrm{c}}{I_2}\right]$$
$$= \left[\frac{I_2\left(1+\frac{Z_\mathrm{c}}{Z_\mathrm{b}}\right)Z_\mathrm{a} + I_2 Z_\mathrm{c}}{I_2}\right]$$
$$= Z_\mathrm{a} + Z_\mathrm{c} + \frac{Z_\mathrm{a} Z_\mathrm{c}}{Z_\mathrm{b}} \tag{10.50}$$
$$D = \left[\frac{I_1}{I_2}\right]_{V_2=0} = \left[\frac{I_2\left(1+\frac{Z_\mathrm{c}}{Z_\mathrm{b}}\right)}{I_2}\right]$$
$$= 1 + \frac{Z_\mathrm{c}}{Z_\mathrm{b}}$$

よって, このT型回路の基本行列 F は次のようになる.

$$F = \begin{pmatrix} 1+\frac{Z_\mathrm{a}}{Z_\mathrm{b}} & Z_\mathrm{a}+Z_\mathrm{c}+\frac{Z_\mathrm{a} Z_\mathrm{c}}{Z_\mathrm{b}} \\ \frac{1}{Z_\mathrm{b}} & 1+\frac{Z_\mathrm{c}}{Z_\mathrm{b}} \end{pmatrix} \tag{10.51}$$ ■

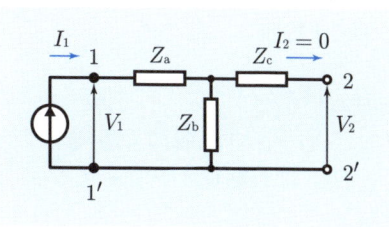

図10.43 出力端開放 (A, C)

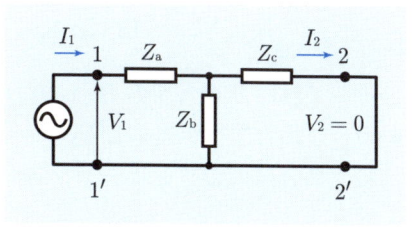

図10.44 出力端短絡 (B, D)

10.5 ハイブリッド行列

図10.45のように二端子対回路について，電流 I_1 と電圧 V_2 が既知の値であり，電圧 V_1 と電流 I_2 が未知の値であるとする．ここで既知の値と未知の値について，いままでの行列は"電圧－電流"，"出力端子－入力端子"という組合せであったが，これは電圧・電流，および出力・入力の双方とも既知と未知の値がクロスしている状態になっている．よって，この関係を表す行列 H を**ハイブリッド行列**とよび，次式で表される．

$$\begin{pmatrix} V_1 \\ I_2 \end{pmatrix} = H \begin{pmatrix} I_1 \\ V_2 \end{pmatrix} \tag{10.52}$$

$$H = \begin{pmatrix} H_{11} & H_{12} \\ H_{21} & H_{22} \end{pmatrix} \tag{10.53}$$

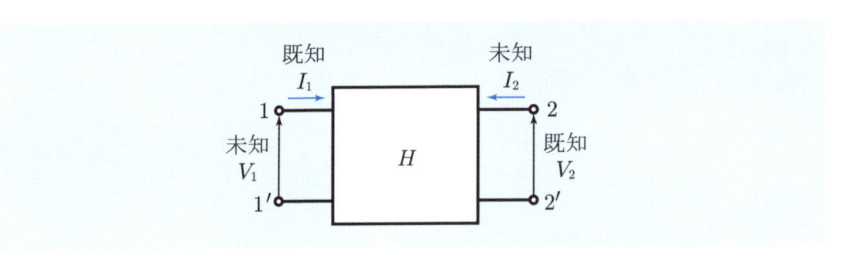

図10.45　ハイブリッド行列

ここで行列 H の各要素 $H_{11}, H_{12}, H_{21}, H_{22}$ は次のようにして求められる．

- H_{11}　出力端子を短絡し $V_2 = 0$ としたときの V_1 と I_1 の比である．よって，これは入力インピーダンスとなり，H_{11} は駆動点インピーダンスとなる．

$$H_{11} = \left[\frac{V_1}{I_1}\right]_{V_2=0} \tag{10.54}$$

- H_{12}　入力端子を開放し $I_1 = 0$ としたときの V_1 と V_2 の比である．よって H_{12} は電圧伝送係数となる．

$$H_{12} = \left[\frac{V_1}{V_2}\right]_{I_1=0} \tag{10.55}$$

10.5 ハイブリッド行列

- H_{21}　出力端子を短絡し $V_2 = 0$ としたときの I_2 と I_1 の比である．よって H_{21} は**電流増幅率**（電流伝送係数の逆数）となる．

$$H_{21} = \left[\frac{I_2}{I_1}\right]_{V_2=0} \tag{10.56}$$

- H_{22}　入力端子を開放し $I_1 = 0$ としたときの I_2 と V_2 の比である．よって，これは出力アドミタンスとなり，H_{22} は駆動点アドミタンスとなる．

$$H_{22} = \left[\frac{I_2}{V_2}\right]_{I_1=0} \tag{10.57}$$

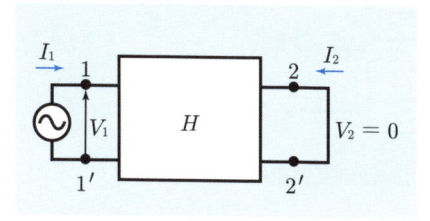

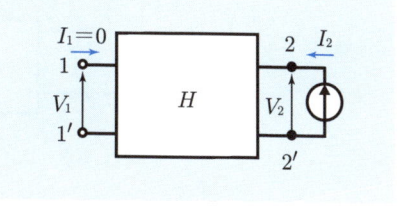

図10.46　出力端短絡（H_{11}, H_{21}）　　図10.47　入力端開放（H_{12}, H_{22}）

10.6 複数回路の接続

10.6.1 直列接続

二端子対回路が直列に複数接続されている場合に回路全体を記述する行列を求める．

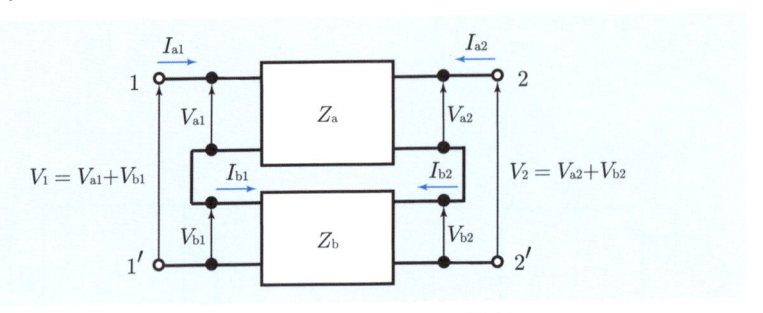

図10.48 二端子対回路の直列接続

直列接続している場合，インピーダンス行列を用いると，接続されている個々の回路の行列から新しくできた二端子対回路の行列を簡単に求めることができる．図10.48のように回路のインピーダンス行列がそれぞれ Z_a と Z_b で表せる回路 a と b が直列に接続されている場合を考える．回路 a について

$$\begin{pmatrix} V_{a1} \\ V_{a2} \end{pmatrix} = Z_a \begin{pmatrix} I_{a1} \\ I_{a2} \end{pmatrix} = \begin{pmatrix} Z_{a11} & Z_{a12} \\ Z_{a21} & Z_{a22} \end{pmatrix} \begin{pmatrix} I_{a1} \\ I_{a2} \end{pmatrix} \tag{10.58}$$

回路 b について

$$\begin{pmatrix} V_{b1} \\ V_{b2} \end{pmatrix} = Z_b \begin{pmatrix} I_{b1} \\ I_{b2} \end{pmatrix} = \begin{pmatrix} Z_{b11} & Z_{b12} \\ Z_{b21} & Z_{b22} \end{pmatrix} \begin{pmatrix} I_{b1} \\ I_{b2} \end{pmatrix} \tag{10.59}$$

と表すことができる．ここで直列接続されている場合，回路 a と回路 b，そして直列接続されてできた二端子対回路の電圧と電流の関係は次のようになる．

10.6 複数回路の接続

$$V_1 = V_{a1} + V_{b1}$$
$$V_2 = V_{a2} + V_{b2} \qquad (10.60)$$

$$I_1 = I_{a1} = I_{b1}$$
$$I_2 = I_{a2} = I_{b2} \qquad (10.61)$$

したがって，直列接続された二端子対回路のインピーダンス行列は

$$\begin{pmatrix} V_1 \\ V_2 \end{pmatrix} = \begin{pmatrix} V_{a1} \\ V_{a2} \end{pmatrix} + \begin{pmatrix} V_{b1} \\ V_{b2} \end{pmatrix}$$

$$= Z_1 \begin{pmatrix} I_{a1} \\ I_{a2} \end{pmatrix} + Z_2 \begin{pmatrix} I_{b1} \\ I_{b2} \end{pmatrix}$$

$$= (Z_a + Z_b) \begin{pmatrix} I_1 \\ I_2 \end{pmatrix}$$

$$= \begin{pmatrix} Z_{a11} + Z_{b11} & Z_{a12} + Z_{a12} \\ Z_{a21} + Z_{b21} & Z_{a22} + Z_{b22} \end{pmatrix} \begin{pmatrix} I_1 \\ I_2 \end{pmatrix} \qquad (10.62)$$

つまり直列接続の場合，接続してできた二端子対回路の Z 行列は接続前の Z 行列の和になる．

■ 例題 10.10 ■

図 10.49 の T 型回路（例題 10.3 で求めた回路と同じ）のインピーダンス行列を複数の回路が直列接続されてできた回路と考えて求めよ．

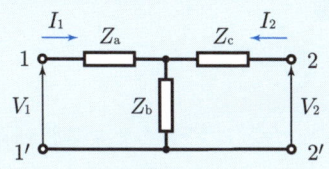

図 10.49 例題 10.10 の T 型回路

【解答】 この T 型回路は図 10.50 のように 3 つの回路が直列に接続された回路であると考えられる．ここで回路 1 は例題 10.1 で求めた回路，回路 2 は例題 10.2 で求めた回路，回路 3 は例題 10.1 でインピーダンスの位置が出力側の回路である．

3 つの回路のインピーダンス行列はそれぞれ

$$\begin{pmatrix} Z_a & 0 \\ 0 & 0 \end{pmatrix}, \quad \begin{pmatrix} Z_b & Z_b \\ Z_b & Z_b \end{pmatrix}, \quad \begin{pmatrix} 0 & 0 \\ 0 & Z_c \end{pmatrix} \tag{10.63}$$

であるので，回路全体のインピーダンス行列 Z は

$$\begin{aligned} Z &= \begin{pmatrix} Z_a & 0 \\ 0 & 0 \end{pmatrix} + \begin{pmatrix} Z_b & Z_b \\ Z_b & Z_b \end{pmatrix} + \begin{pmatrix} 0 & 0 \\ 0 & Z_c \end{pmatrix} \\ &= \begin{pmatrix} Z_a + Z_b & Z_b \\ Z_b & Z_b + Z_c \end{pmatrix} \end{aligned} \tag{10.64}$$

となる． ■

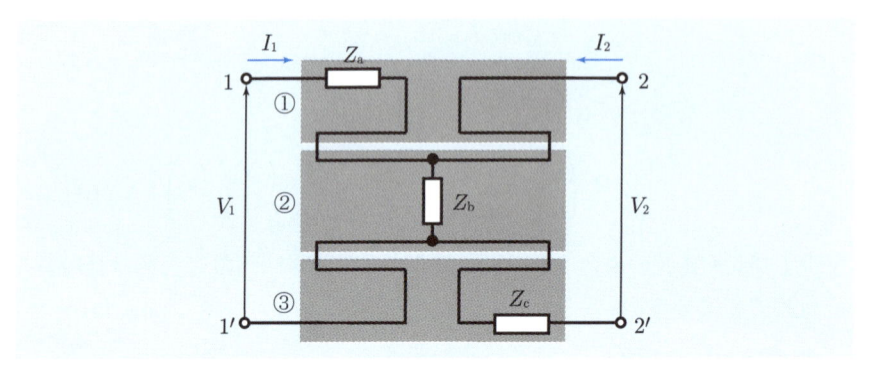

図10.50 T型回路を直列3回路と考える

10.6.2 並列接続

二端子対回路が並列に複数接続されている場合に回路全体を記述する行列を求める．

並列接続している場合，今度はアドミタンス行列を用いると，接続されている個々の回路の行列から新しくできた二端子対回路の行列を簡単に求めることができる．図10.51のように回路のアドミタンス行列がそれぞれ Y_a と Y_b で表せる回路 a と b が並列に接続されている場合を考える．回路 a について

$$\begin{pmatrix} I_{a1} \\ I_{a2} \end{pmatrix} = Y_a \begin{pmatrix} V_{a1} \\ V_{a2} \end{pmatrix} = \begin{pmatrix} Y_{a11} & Y_{a12} \\ Y_{a21} & Y_{a22} \end{pmatrix} \begin{pmatrix} V_{a1} \\ V_{a2} \end{pmatrix} \tag{10.65}$$

回路 b について

10.6 複数回路の接続

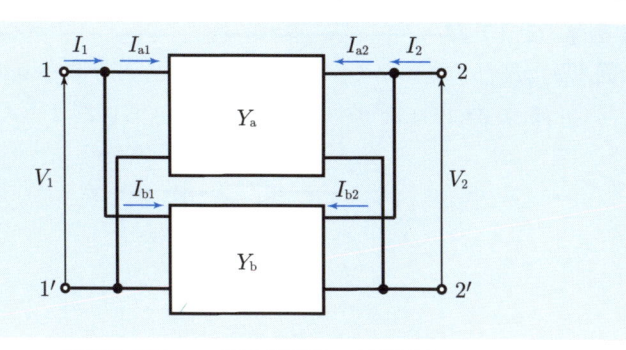

図10.51 二端子対回路の並列接続

$$\begin{pmatrix} I_{b1} \\ I_{b2} \end{pmatrix} = Y_b \begin{pmatrix} V_{b1} \\ V_{b2} \end{pmatrix} = \begin{pmatrix} Y_{b11} & Y_{b12} \\ Y_{b21} & Y_{b22} \end{pmatrix} \begin{pmatrix} V_{b1} \\ V_{b2} \end{pmatrix} \quad (10.66)$$

と表すことができる．ここで並列接続されている場合，回路 a と回路 b，そして並列接続されてできた二端子対回路の電流と電圧の関係は次のようになる．

$$\begin{aligned} V_1 &= V_{a1} = V_{b1} \\ V_2 &= V_{a2} = V_{b2} \end{aligned} \quad (10.67)$$

$$\begin{aligned} I_1 &= I_{a1} + I_{b1} \\ I_2 &= I_{a2} + I_{b2} \end{aligned} \quad (10.68)$$

したがって，並列接続された二端子対回路のアドミタンス行列は

$$\begin{aligned} \begin{pmatrix} I_1 \\ I_2 \end{pmatrix} &= \begin{pmatrix} I_{a1} \\ I_{a2} \end{pmatrix} + \begin{pmatrix} I_{b1} \\ I_{b2} \end{pmatrix} \\ &= Y_1 \begin{pmatrix} V_{a1} \\ V_{a2} \end{pmatrix} + Y_2 \begin{pmatrix} V_{b1} \\ V_{b2} \end{pmatrix} \\ &= (Y_a + Y_b) \begin{pmatrix} V_1 \\ V_2 \end{pmatrix} \\ &= \begin{pmatrix} Y_{a11} + Y_{b11} & Y_{a12} + Y_{b12} \\ Y_{a21} + Y_{b21} & Y_{a22} + Y_{b22} \end{pmatrix} \begin{pmatrix} V_1 \\ V_2 \end{pmatrix} \quad (10.69) \end{aligned}$$

つまり並列接続の場合，接続してできた二端子対回路の Y 行列は接続前の Y 行列の和になる．

■ **例題10.11** ■

図10.52のπ型回路のアドミタンス行列（例題10.6で求めた回路と同じ）を複数の回路が並列接続されてできた回路と考えて求めよ．

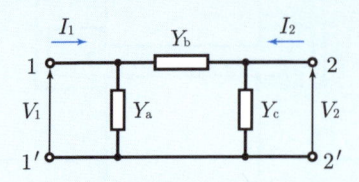

図10.52 例題10.11のπ型回路

【解答】π型回路は図10.53のように3つの回路が並列に接続された回路であると考えられる．ここで回路1は例題10.5で求めた回路，回路2は例題10.4で求めた回路，回路3は例題10.5でアドミタンスの位置が出力側の回路である．3つの回路のアドミタンス行列はそれぞれ

$$\begin{pmatrix} Y_a & 0 \\ 0 & 0 \end{pmatrix}, \quad \begin{pmatrix} Y_b & -Y_b \\ -Y_b & Y_b \end{pmatrix}, \quad \begin{pmatrix} 0 & 0 \\ 0 & Y_c \end{pmatrix} \tag{10.70}$$

であるので，回路全体のアドミタンス行列 Y は

$$\begin{aligned} Y &= \begin{pmatrix} Y_a & 0 \\ 0 & 0 \end{pmatrix} + \begin{pmatrix} Y_b & -Y_b \\ -Y_b & Y_b \end{pmatrix} + \begin{pmatrix} 0 & 0 \\ 0 & Y_c \end{pmatrix} \\ &= \begin{pmatrix} Y_a + Y_b & -Y_b \\ -Y_b & Y_b + Y_c \end{pmatrix} \end{aligned} \tag{10.71}$$

となる． ■

10.6.3 縦続接続

二端子対回路が縦続に複数接続されている場合に回路全体を記述する行列を求める．

縦続接続している場合，基本行列を用いると，接続されている個々の回路の行列から新しくできた二端子対回路の行列を簡単に求めることができる．図10.54のように回路の縦続行列がそれぞれ F_a と F_b で表せる回路aとbが縦続接続されている場合を考える．

10.6 複数回路の接続

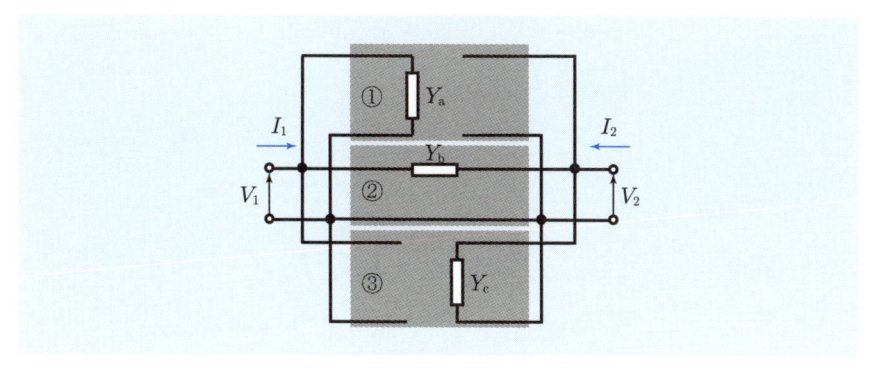

図10.53 π型回路を並列3回路と考える

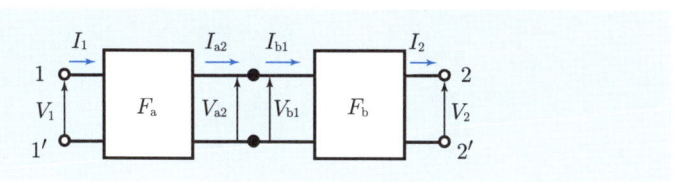

図10.54 二端子対回路の縦続接続

回路 a について

$$\begin{pmatrix} V_{a1} \\ I_{a1} \end{pmatrix} = F_a \begin{pmatrix} V_{a2} \\ I_{a2} \end{pmatrix} = \begin{pmatrix} A_a & B_a \\ C_a & D_a \end{pmatrix} \begin{pmatrix} V_{a2} \\ I_{a2} \end{pmatrix} \tag{10.72}$$

回路 b について

$$\begin{pmatrix} V_{b1} \\ I_{b1} \end{pmatrix} = F_b \begin{pmatrix} V_{b2} \\ I_{b2} \end{pmatrix} = \begin{pmatrix} A_b & B_b \\ C_b & D_b \end{pmatrix} \begin{pmatrix} V_{b2} \\ I_{b2} \end{pmatrix} \tag{10.73}$$

と表すことができる．ここで縦続接続されている場合，回路 a と回路 b，そして縦続接続されてできた二端子対回路の入力と出力の関係は次のようになる．

$$\begin{aligned} V_{a2} &= V_{b1} \\ I_{a2} &= I_{b2} \end{aligned} \tag{10.74}$$

よって，式 (10.73) を式 (10.72) に代入することで，図10.54の縦続接続された二端子対回路の基本行列を求めることができる．

第 10 章　二端子対回路

$$\begin{pmatrix} V_{a1} \\ I_{a1} \end{pmatrix} = F_a \begin{pmatrix} V_{a2} \\ I_{a2} \end{pmatrix}$$

$$= F_a \begin{pmatrix} V_{b1} \\ I_{b2} \end{pmatrix}$$

$$= F_a F_b \begin{pmatrix} V_{b2} \\ I_{b2} \end{pmatrix} \quad (10.75)$$

さらに

$$\begin{aligned} V_1 &= V_{a1} \\ I_1 &= I_{a1} \end{aligned} \quad (10.76)$$

$$\begin{aligned} V_2 &= V_{b2} \\ I_2 &= I_{b2} \end{aligned} \quad (10.77)$$

$$\begin{pmatrix} V_1 \\ I_1 \end{pmatrix} = F_a F_b \begin{pmatrix} V_2 \\ I_2 \end{pmatrix}$$

$$= \begin{pmatrix} A_a & B_a \\ C_a & D_a \end{pmatrix} \begin{pmatrix} A_b & B_b \\ C_b & D_b \end{pmatrix} \begin{pmatrix} V_2 \\ I_2 \end{pmatrix} \quad (10.78)$$

つまり縦続接続の場合，接続してできた二端子対回路の F 行列は接続前の F 行列の積になる．

■ **例題 10.12** ■

図 10.55 の T 型回路（例題 10.9 で求めた回路と同じ）のインピーダンス行列を複数の回路が直列接続されてできた回路と考えて求めよ．

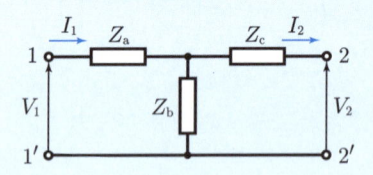

図 10.55　例題 10.12 の T 型回路

【解答】　この T 型回路は図 10.50 のように 3 つの回路が縦続接続された回路であると考えられる．ここで回路 1 と 3 は例題 10.7 で求めた回路，回路

2 は例題 10.8 で求めた回路である．3 つの回路の基本行列はそれぞれ

$$\begin{pmatrix} 1 & Z_a \\ 0 & 1 \end{pmatrix}, \quad \begin{pmatrix} 1 & 0 \\ \frac{1}{Z_b} & 1 \end{pmatrix}, \quad \begin{pmatrix} 1 & Z_c \\ 0 & 1 \end{pmatrix} \tag{10.79}$$

であるので，回路全体の基本行列 F は

$$\begin{aligned} F &= \begin{pmatrix} 1 & Z_a \\ 0 & 1 \end{pmatrix} \begin{pmatrix} 1 & 0 \\ \frac{1}{Z_b} & 1 \end{pmatrix} \begin{pmatrix} 1 & Z_c \\ 0 & 1 \end{pmatrix} \\ &= \begin{pmatrix} 1 + \frac{Z_a}{Z_b} & Z_a + Z_c + \frac{Z_a Z_c}{Z_b} \\ \frac{1}{Z_b} & 1 + \frac{Z_c}{Z_b} \end{pmatrix} \end{aligned} \tag{10.80}$$

となる． ■

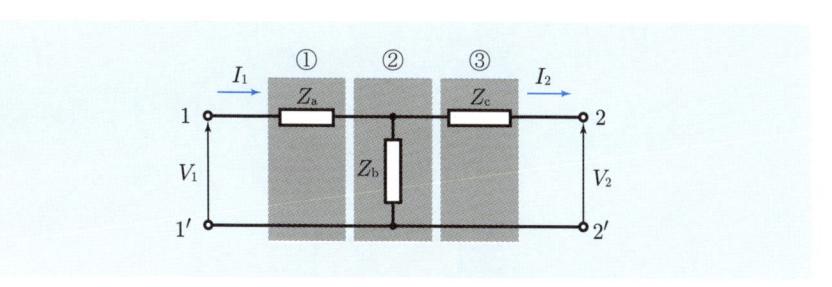

図 10.56　T 型回路を直列 3 回路と考える

10.7 各行列の変換

いままで学んだ Z, Y, F 行列の関係を示す.

10.7.1 Z 行列から Y 行列への変換

いま，図 10.57 の回路網がインピーダンス行列 Z によって示されるとする.

$$\begin{pmatrix} V_1 \\ V_2 \end{pmatrix} = \begin{pmatrix} Z_{11} & Z_{12} \\ Z_{21} & Z_{22} \end{pmatrix} \begin{pmatrix} I_1 \\ I_2 \end{pmatrix} \tag{10.81}$$

ここからアドミタンス行列 Y を求める.

$$\begin{pmatrix} I_1 \\ I_2 \end{pmatrix} = Y \begin{pmatrix} V_1 \\ V_2 \end{pmatrix} = \begin{pmatrix} Z_{11} & Z_{12} \\ Z_{21} & Z_{22} \end{pmatrix}^{-1} \begin{pmatrix} V_1 \\ V_2 \end{pmatrix}$$

$$= \frac{1}{Z_{11}Z_{22} - Z_{12}Z_{21}} \begin{pmatrix} Z_{22} & -Z_{12} \\ -Z_{21} & Z_{11} \end{pmatrix} \begin{pmatrix} V_1 \\ V_2 \end{pmatrix} \tag{10.82}$$

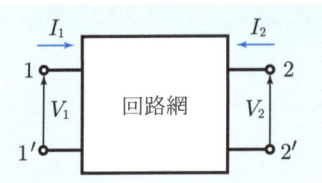

図 10.57 行列の変換

10.7.2 Z, Y 行列から F 行列への変換

Z 行列から F 行列

Z 行列を用いて二端子対回路を表すと

$$\begin{pmatrix} V_1 \\ V_2 \end{pmatrix} = \begin{pmatrix} Z_{11} & Z_{12} \\ Z_{21} & Z_{22} \end{pmatrix} \begin{pmatrix} I_1 \\ I_2 \end{pmatrix} \tag{10.83}$$

より

$$\begin{aligned} V_1 &= Z_{11}I_1 + Z_{12}I_2 \\ V_2 &= Z_{21}I_1 + Z_{22}I_2 \end{aligned} \tag{10.84}$$

式 (10.84) を V_1 と I_1 について解けばよいので

$$V_1 = \frac{Z_{11}}{Z_{21}}V_2 + \frac{-Z_{11}Z_{22}+Z_{12}Z_{21}}{Z_{21}}I_2$$
$$I_1 = \frac{1}{Z_{21}}V_2 - \frac{Z_{22}}{Z_{21}}I_2 \tag{10.85}$$

よって，F 行列は I_2 の符号に注意して

$$\begin{pmatrix} V_1 \\ I_1 \end{pmatrix} = F \begin{pmatrix} V_2 \\ -I_2 \end{pmatrix}$$
$$= \begin{pmatrix} \frac{Z_{11}}{Z_{21}} & \frac{Z_{11}Z_{22}-Z_{12}Z_{21}}{Z_{21}} \\ \frac{1}{Z_{21}} & \frac{Z_{22}}{Z_{21}} \end{pmatrix} \begin{pmatrix} V_2 \\ -I_2 \end{pmatrix} \tag{10.86}$$

となる．

Y 行列から F 行列

次に Y 行列を用いて二端子対回路を表すと

$$\begin{pmatrix} I_1 \\ I_2 \end{pmatrix} = \begin{pmatrix} Y_{11} & Y_{12} \\ Y_{21} & Y_{22} \end{pmatrix} \begin{pmatrix} V_1 \\ V_2 \end{pmatrix} \tag{10.87}$$

より

$$I_1 = Y_{11}V_1 + Y_{12}V_2$$
$$I_2 = Y_{21}V_1 + Y_{22}V_2 \tag{10.88}$$

式 (10.88) を V_1 と I_1 について解けばよいので

$$V_1 = -\frac{Y_{22}}{Y_{21}}V_2 + \frac{1}{Y_{21}}I_2$$
$$I_1 = \frac{-Y_{11}Y_{22}+Y_{12}Y_{21}}{Y_{21}}V_2 + \frac{Y_{11}}{Y_{21}}I_2 \tag{10.89}$$

よって，F 行列は I_2 の符号に注意して

$$\begin{pmatrix} V_1 \\ I_1 \end{pmatrix} = F \begin{pmatrix} V_2 \\ -I_2 \end{pmatrix}$$
$$= \begin{pmatrix} -\frac{Y_{22}}{Y_{21}} & -\frac{1}{Y_{21}} \\ \frac{-Y_{11}Y_{22}+Y_{12}Y_{21}}{Y_{21}} & -\frac{Y_{11}}{Y_{21}} \end{pmatrix} \begin{pmatrix} V_2 \\ -I_2 \end{pmatrix} \tag{10.90}$$

となる．

10章の問題

☐ **10.1** 図1の二端子対回路について
(1) Z 行列で表せ.
(2) Y 行列で表せ.

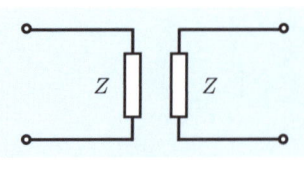

図1

☐ **10.2** 図2の二端子対回路について
(1) Z 行列で表せ.
(2) Y 行列で表せ.

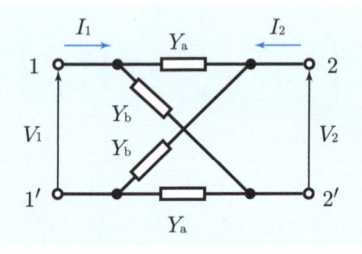

図2

☐ **10.3** 図3の回路の F 行列を求めよ.

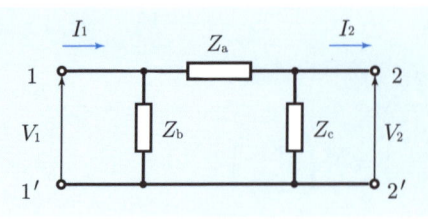

図3

第11章

分布定数回路

　いままでの回路はある場所に電気回路の素子である抵抗やコイル，コンデンサが存在する，つまり集中して配置されているという前提で考えられていた．これは**集中定数回路**と呼ばれる．しかし，送電線やアンテナ線，通信線（例えば電話線，LAN ケーブル）などではこれらの回路定数がある場所ということではなく，線の存在するすべての領域にわたって連続して配置されていると考えるのが正しい．

　ここでは，このような考え方に基づく**分布定数回路**について学ぶ．

11.1 分布定数回路の考え方

分布定数回路は回路全体に電気回路の要素が存在しているが，次のように考えるといままでの解析手法を応用して考えることができる．例えば図 11.1 のように回路のある部分（区間）を取り出して考える．ここに抵抗，コイル，コンデンサを含んだ 1 セットの集中定数回路があるとする．

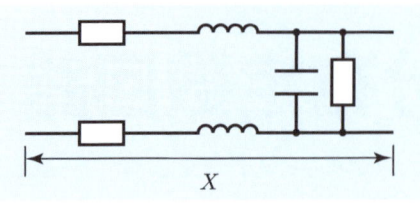

図 11.1　分布定数回路のある区間

ここで，図 11.2 のように回路全体では図 11.1 の 1 セットの回路部分の長さ X が非常に小さく，無数に連なっていると考える．

さらにそれぞれのセットの長さ X が限りなくゼロに近いと考えることで，実際は集中定数でない分布定数回路の特性を求めることができる．ここで，さらに電気回路の法則を用いることで，下側の枝の抵抗成分およびインダクタンス成分を上側の枝の成分にまとめて図 11.3 のように考えることができる．これを基本回路として，分布定数回路の基本方程式を考える．

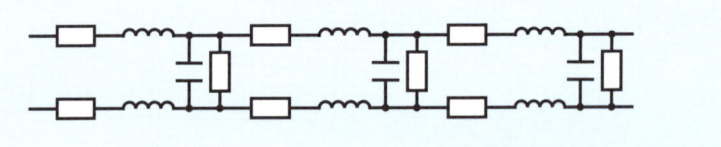

図 11.2　分布定数回路の集中定数表現

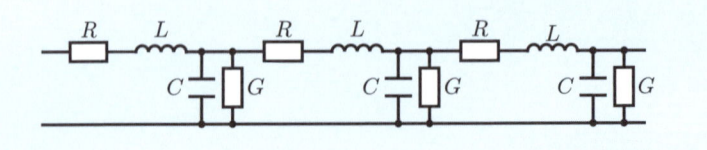

図 11.3　分布定数回路を集中定数回路表現した基本回路

11.2 分布定数回路の基本方程式

まず，分布定数回路からある位置 x において微小な区間 Δx を切り取って，その部分を電気回路と近似する．ここで電圧 v と電流 i を求める．いままでは時間 t のみの関数であったが，分布定数回路においては回路上の位置 x も変数，つまり $v(x,t), i(x,t)$ と表現される．

11.2.1 電圧方程式

図 11.4 においてキルヒホフの第二法則から回路方程式をたてる．まず，この微小区間において抵抗，インダクタンスは連続的に存在しているから，分布定数回路の単位長さ当たりの抵抗の値を r，単位長さ当たりのインダクタンスの値を l とすれば回路の微小区間 Δx における抵抗 R およびインダクタンス L の値は $r\Delta x, l\Delta x$ となる．

$$v(x,t) - r\Delta x i(x,t) - l\Delta x \frac{\partial}{\partial t} i(x,t) - v(x+\Delta x, t) = 0 \qquad (11.1)$$

ここで $v(x+\Delta x, t)$ を $v(x,t)$ を用いて表すために $v(x+\Delta x, t)$ をテイラー展開する．

$$v(x+\Delta x, t) = v(x,t) + \frac{\partial}{\partial x} v(x,t) \Delta x + \frac{1}{2!} \frac{\partial^2}{\partial x^2} v(x,t)(\Delta x)^2$$
$$+ \cdots + \frac{1}{n!} \frac{\partial^n}{\partial x^n} v(x,t)(\Delta x)^n \qquad (11.2)$$

ここで回路の長さ Δx は非常に微小な区間であるので，$\Delta x \gg (\Delta x)^2$ と考えることができる．これ以降の $(\Delta x)^3, (\Delta x)^4, \cdots, (\Delta x)^n$ も Δx に対してさらに小さくなるので，Δx の二次以上の項は無視することができる．これを**一次近似**とよぶ．したがって，$v(x+\Delta x, t)$ は次式のようになる．

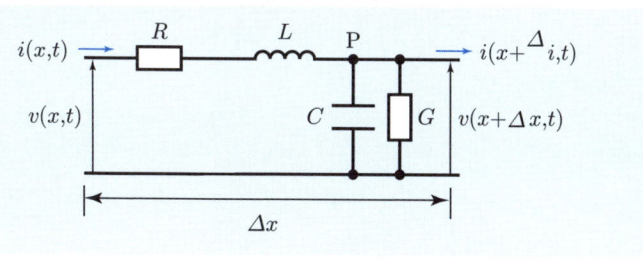

図 11.4 分布定数回路の微小区間の集中定数回路表現

これを式 (11.3) に代入する.

$$v(x+\Delta x,t) \approx v(x,t) + \frac{\partial}{\partial x}v(x,t)\Delta x \qquad (11.3)$$

これを式 (11.1) の回路方程式に代入する.

$$v(x,t) - r\Delta x i(x,t) - l\Delta x \frac{\partial}{\partial t}i(x,t) - v(x,t) - \frac{\partial}{\partial x}v(x,t)\Delta x = 0$$

$$-r\Delta x i(x,t) - l\Delta x \frac{\partial}{\partial t}i(x,t) - \frac{\partial}{\partial x}v(x,t)\Delta x = 0$$

$$\{-\frac{\partial}{\partial x}v(x,t) - ri(x,t) - l\frac{\partial}{\partial t}i(x,t)\}\Delta x = 0 \quad (11.4)$$

さらにここで式 (11.4) を Δx で割ると

$$-\frac{\partial}{\partial x}v(x,t) = ri(x,t) + l\frac{\partial}{\partial t}i(x,t) \qquad (11.5)$$

を得る.

11.2.2 電流方程式

図 11.4 においてキルヒホフの第一法則（電流則）から電流の式を立てる．ここで抵抗 R の右側にある接点 P について流れ込むのは $i(x,t)$，流れ出る電流はその先でコンデンサ C に流れる電流，コンダクタンス G に流れる電流，そして出力 $i(x+\Delta x,t)$ に分かれる．コンデンサおよびコンダクタンスに加わる電圧は $v(x+\Delta x)$ である．また，単位当たりのキャパシタンスの値を c，コンダクタンスの値を g とすると，回路の微小区間 Δx におけるキャパシタンスの値 C は $c\Delta x$，コンダクタンス G の値は $g\Delta x$ となる．

よって，コンデンサに流れる電流は

$$c\Delta x \frac{\partial}{\partial t}v(x+\Delta x,t)$$

コンダクタンスに流れる電流は

$$g\Delta x v(x+\Delta x,t)$$

となる．したがって

$$i(x,t) = g\Delta x v(x+\Delta x,t) + c\Delta x \frac{\partial}{\partial t}v(x+\Delta x,t) + i(x+\Delta x,t) \quad (11.6)$$

ここで $i(x+\Delta x,t)$ についても電圧と同様に $i(x,t)$ についてテイラー展開を行い，一次近似を行うと

$$i(x+\Delta x,t) \approx i(x,t) + \frac{\partial}{\partial x}i(x,t)\Delta x \qquad (11.7)$$

11.2 分布定数回路の基本方程式

さらに $v(x+\Delta x,t)$ のテイラー展開を式 (11.6) に代入する.

$$\begin{aligned}-\tfrac{\partial}{\partial x}i(x,t)\Delta x &= g\Delta x\{v(x,t)+\tfrac{\partial}{\partial t}v(x,t)\Delta x\} \\ &\quad +c\Delta x\tfrac{\partial}{\partial t}\{v(x,t)+\tfrac{\partial}{\partial t}v(x,t)\Delta x\} \\ &= g\Delta x v(x,t)+g(\Delta x)^2\tfrac{\partial}{\partial x}v(x,t) \\ &\quad +c\Delta x\tfrac{\partial}{\partial t}v(x,t)+c\tfrac{\partial^2}{\partial t\partial x}v(x,t)(\Delta x)^2 \end{aligned} \quad (11.8)$$

ここで Δx は微小長さであるので, $\Delta x \gg (\Delta x)^2$ とすることができる. よって, $(\Delta x)^2$ の項は無視すると, さらに

$$-\tfrac{\partial}{\partial x}i(x,t)\Delta x = g\Delta x v(x,t)+c\Delta x\tfrac{\partial}{\partial t}v(x,t) \quad (11.9)$$

となる. 式 (11.9) の両辺を Δx で割ると

$$-\tfrac{\partial}{\partial x}i(x,t) = gv(x,t)+c\tfrac{\partial}{\partial t}v(x,t) \quad (11.10)$$

を得る.

11.3 電信方程式

キルヒホフの第二法則（電圧則）と第一法則（電流則）から**電信方程式**を求める．電信方程式は伝送線路における波動や信号の伝播を記述する方程式で，分布定数回路において電圧，電流の分布を示す方程式である．

電圧方程式，電流方程式は先に式 (11.5), (11.10) で求めたようにそれぞれ次のようになる．

$$-\frac{\partial v}{\partial x} = ri + l\frac{\partial i}{\partial t} \tag{11.11}$$

$$-\frac{\partial i}{\partial x} = gv + c\frac{\partial v}{\partial t} \tag{11.12}$$

この 2 式を用いて，電圧だけの電信方程式，電流だけの電信方程式を求める．

11.3.1 電圧の電信方程式

まず，電圧だけの電信方程式を求める．

式 (11.11) の電圧方程式について，x で偏微分する．

$$-\frac{\partial^2 v}{\partial x^2} = r\frac{\partial i}{\partial x} + l\frac{\partial^2 i}{\partial t \partial x} \tag{11.13}$$

式 (11.12) の電流方程式について，t で偏微分する．

$$-\frac{\partial^2 i}{\partial x \partial t} = g\frac{\partial v}{\partial t} + c\frac{\partial^2 v}{\partial t^2} \tag{11.14}$$

式 (11.13) に式 (11.12) と式 (11.14) を代入する．

$$\begin{aligned}-\frac{\partial^2 v}{\partial x^2} &= r(-gv - c\frac{\partial v}{\partial t}) + l(-g\frac{\partial v}{\partial t} - c\frac{\partial^2 v}{\partial t^2}) \\ &= -lc\frac{\partial^2 v}{\partial t^2} - (lg + cr)\frac{\partial v}{\partial t} - rgv \end{aligned} \tag{11.15}$$

このように電圧 v のみの電信方程式を得ることができる．

11.3.2 電流の電信方程式

次に電流だけの電信方程式を求める．

式 (11.12) の電圧の式について，x で偏微分する．

$$-\frac{\partial^2 i}{\partial x^2} = g\frac{\partial v}{\partial x} + c\frac{\partial^2 v}{\partial t \partial x} \tag{11.16}$$

式 (11.11) の電流の式について，t で偏微分する．

$$-\frac{\partial^2 v}{\partial x \partial t} = r\frac{\partial i}{\partial t} + l\frac{\partial^2 i}{\partial t^2} \tag{11.17}$$

11.3 電信方程式

式 (11.16) に式 (11.17) と式 (11.11) を代入する．

$$-\frac{\partial^2 i}{\partial x^2} = g(-ri - l\frac{\partial i}{\partial t}) + c(-r\frac{\partial i}{\partial t} - l\frac{\partial^2 i}{\partial t^2})$$
$$= -lc\frac{\partial^2 i}{\partial t^2} - (lg+cr)\frac{\partial i}{\partial t} - rgi \qquad (11.18)$$

このように電流 i のみの電信方程式を得ることができる．

11.3.3 無損失線路の電信方程式

式 (11.15) と (11.18) の電信方程式を解く．まず，簡単な場合として，回路の抵抗 r とコンダクタンス g がゼロの場合を考える．これは回路（= 線路）上の損失がゼロであると考えているので，**無損失線路**の方程式とよばれる．

$$\frac{\partial^2 v}{\partial x^2} = lc\frac{\partial^2 v}{\partial t^2} \qquad (11.19)$$

$$\frac{\partial^2 i}{\partial x^2} = lc\frac{\partial^2 i}{\partial t^2} \qquad (11.20)$$

この式を**一次元の波動方程式**とよぶ．この方程式の一般解は**ダランベールの解**とよばれ次の式で与えられる．

$$v(x,t) = f(x-ut) + g(x+ut) \qquad (11.21)$$

ここで u は**位相速度**とよばれ，波動が線路中に伝搬する速度であり，次式で定義される．

$$u = \frac{1}{\sqrt{lc}} \qquad (11.22)$$

式 (11.21) から $i(x,t)$ を求める．電圧についての波動方程式 (11.21) を t で偏微分し

$$\frac{\partial v}{\partial t} = v\{-\frac{\partial}{\partial t}f(x-ut) + \frac{\partial}{\partial t}g(x+ut)\} \qquad (11.23)$$

式 (11.20) の電流についての波動方程式を直接解いてもよいが，電圧と電流については先に述べた式 (11.11) と式 (11.12) の関係式があるので，そこから導き出す．無損失線路の場合，式 (11.12) は

$$r = g = 0$$

より

$$\frac{\partial i}{\partial x} = -c\frac{\partial v}{\partial t} \qquad (11.24)$$

となる．式 (11.23) を代入すると

$$\frac{\partial i}{\partial x} = -c\frac{\partial v}{\partial t}$$
$$= -cu\{-\frac{\partial}{\partial t}f(x-ut) + \frac{\partial}{\partial t}g(x+ut)\}$$
$$= \sqrt{\frac{c}{l}}\{\frac{\partial}{\partial t}f(x-ut) - \frac{\partial}{\partial t}g(x+ut)\} \tag{11.25}$$

両辺を x で積分し

$$i(x,t) = \sqrt{\frac{c}{l}}\{f(x-ut) + g(x+ut)\}$$
$$= \frac{1}{Z_0}\{f(x-ut) + g(x+ut)\} \tag{11.26}$$

ただし

$$Z_0 = \sqrt{\frac{l}{c}} \tag{11.27}$$

であり，**特性インピーダンス**とよばれる．このように電圧をインピーダンスで割れば電流になるという分かりやすい結果を得ることができる．

以上をまとめると波動方程式は

$$v = f(x-ut) + g(x+ut) \tag{11.28}$$
$$i = \frac{1}{Z_0}\{f(x-ut) - g(x+ut)\} \tag{11.29}$$

となる．

11.4 無損失線路の例

代表的な無損失線路について位相速度と特性インピーダンスを学ぶ.

11.4.1 平行導線

図 11.5 のような平行導線がある. この平行導線が無損失線路であるとすると, 単位長さあたりのインダクタンスおよびキャパシタンスは次のようになる.

$$l = \frac{\mu}{\pi} \ln \frac{d}{h} \qquad (11.30)$$

$$c = \frac{\pi \varepsilon}{\ln \frac{d}{h}} \qquad (11.31)$$

式 (11.22) より位相速度は

$$\begin{aligned} u &= \frac{1}{\sqrt{lc}} \\ &= \frac{1}{\sqrt{\mu \varepsilon}} \end{aligned} \qquad (11.32)$$

式 (11.27) より特性インピーダンスは

$$\begin{aligned} Z_0 &= \sqrt{\frac{l}{c}} \\ &= \frac{1}{\pi} \sqrt{\frac{\mu}{\varepsilon}} \ln \frac{d}{h} \end{aligned} \qquad (11.33)$$

となる.

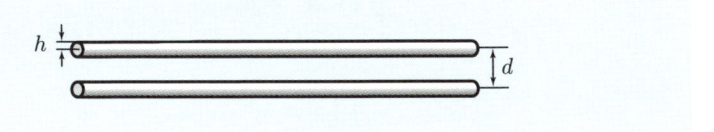

図 11.5 平行導線

11.4.2 同軸ケーブル

図 11.6 のような同軸ケーブルがある．この平行導線が無損失線路であるとすると，単位長さあたりのインダクタンスおよびキャパシタンスは次のようになる．

$$l = \frac{\mu}{2\pi} \ln \frac{h_2}{h_1} \tag{11.34}$$

$$c = \frac{2\pi\varepsilon}{\ln \frac{h_2}{h_1}} \tag{11.35}$$

位相速度は

$$\begin{aligned} u &= \frac{1}{\sqrt{lc}} \\ &= \frac{1}{\sqrt{\mu\varepsilon}} \end{aligned} \tag{11.36}$$

特性インピーダンスは

$$\begin{aligned} Z_0 &= \sqrt{\frac{l}{c}} \\ &= \frac{1}{2\pi} \sqrt{\frac{\mu}{\varepsilon}} \ln \frac{h_2}{h_1} \end{aligned} \tag{11.37}$$

となる．

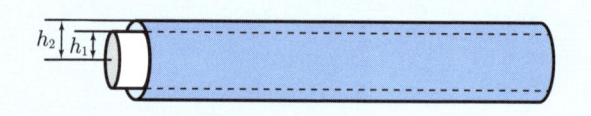

図 11.6 同軸ケーブル

11.5 反射と透過

式 (11.21) の電圧の波動方程式は $f(x-ut)$ と $g(x+ut)$ の和となっている. ここで $f(x-ut)$ は入力から出力の方向へ進行する波を表し, さらに $g(x+ut)$ は出力から入力の方向へ戻る波を表している. したがって, $f(x-ut)$ を**入射波**(ここでは**入射電圧波**)とよび v_i と書く. また, $g(x+ut)$ を**反射波**(ここでは**反射電圧波**)とよび v_r と書く.

同様に電流についても

$$\text{入射波} \quad i_i = \frac{1}{Z_0} f(x-ut)$$
$$\text{反射波} \quad i_r = -\frac{1}{Z_0} g(x+ut)$$

と書くことができる. 以上まとめると

$$v = v_i + v_r \tag{11.38}$$
$$i = i_i + i_r \tag{11.39}$$

つまり, 線路上の位置 x, 時刻 t における値は入力からの入射波と出力からの反射波の和となる. ここで, 反射波についてさらに考える. いま, 図11.7のように線路全体のインピーダンスが Z_0, 負荷が Z_1 であるとする.

$$v_i = Z_0 i_i, \quad v_r = -Z_0 i_r, \quad v = Z_1 i \tag{11.40}$$

電圧

これらを代入すると, 電圧に関して

$$\begin{aligned} v &= v_i + v_r \\ \frac{v}{Z_1} &= \frac{v_i}{Z_0} - \frac{v_r}{Z_0} \end{aligned} \tag{11.41}$$

から

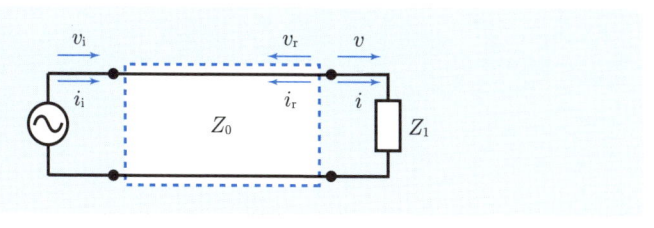

図11.7 分布定数回路の反射と透過

第 11 章 分布定数回路

$$
\begin{aligned}
v_r &= \frac{Z_1 - Z_0}{Z_1 + Z_0} v_i \\
v &= \frac{2Z_1}{Z_1 + Z_0} v_i
\end{aligned}
\tag{11.42}
$$

ここで,出力波と入射波および反射波の比を次のように定義する.

- 電圧反射係数

$$\frac{v_r}{v_i} = \frac{Z_1 - Z_0}{Z_1 + Z_0} \tag{11.43}$$

- 電圧透過係数

$$\frac{v}{v_i} = \frac{2Z_1}{Z_1 + Z_0} \tag{11.44}$$

電流

電流に関して

$$Z_1 i = Z_0 i_i - Z_0 i_r \tag{11.45}$$

$$i = i_i + i_r \tag{11.46}$$

から

$$
\begin{aligned}
i_r &= \frac{-Z_1 + Z_0}{Z_1 + Z_0} i_i \\
i &= \frac{2Z_0}{Z_1 + Z_0} i_i
\end{aligned}
\tag{11.47}
$$

電圧の場合と同様に,出力波と入射波および反射波の比を次のように定義する.

- 電流反射係数

$$\frac{i_r}{i_i} = \frac{-Z_1 + Z_0}{Z_1 + Z_0} \tag{11.48}$$

- 電流透過係数

$$\frac{i}{i_i} = \frac{2Z_0}{Z_1 + Z_0} \tag{11.49}$$

11.6 完全反射と完全透過

分布定数回路には様々な負荷が接続されるが，負荷の値によってはすべての入射波が入力に戻ってくる場合やすべての入射波が出力に伝わる場合がある．前者を**完全反射**，後者は**完全透過**とよぶ．

11.6.1 短絡終端

いま，図11.8のように回路の終端が短絡されているとする．つまり負荷のインピーダンス $Z_1 = 0$ となる．この状態を**短絡終端**とよぶ．

- 電圧反射係数

$$\frac{v_\mathrm{r}}{v_\mathrm{i}} = \frac{Z_1 - Z_0}{Z_1 + Z_0} = \frac{-1}{1} = -1 \tag{11.50}$$

- 電流反射係数

$$\frac{i_\mathrm{r}}{i_\mathrm{i}} = \frac{-Z_1 + Z_0}{Z_1 + Z_0} = \frac{1}{1} = 1 \tag{11.51}$$

となる．つまり，この場合，回路の入射波はすべて入力側に戻ってくることを意味する（完全反射）．

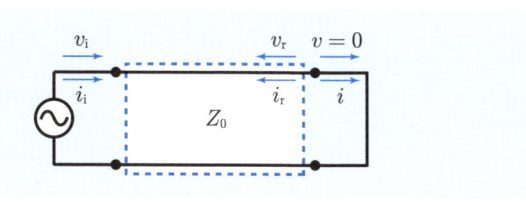

図11.8 短絡終端

11.6.2 開放終端

いま，図11.9のように回路の終端が開放されているとする．つまり負荷のインピーダンス $Z_1 = \infty$ となる．この状態を**開放終端**とよぶ．

- 電圧反射係数

$$\frac{v_\mathrm{r}}{v_\mathrm{i}} = \frac{Z_1 - Z_0}{Z_1 + Z_0} = \frac{1 - \frac{Z_0}{Z_1}}{1 + \frac{Z_0}{Z_1}} = \frac{1}{1} = 1 \tag{11.52}$$

- 電流反射係数

$$\frac{i_\mathrm{r}}{i_\mathrm{i}} = \frac{-Z_1 + Z_0}{Z_1 + Z_0} = \frac{-1 + \frac{Z_0}{Z_1}}{1 + \frac{Z_0}{Z_1}} = \frac{-1}{1} = -1 \tag{11.53}$$

となる．つまり，この場合も回路の入射波はすべて入力側に戻ってくることを意味する（完全反射）．

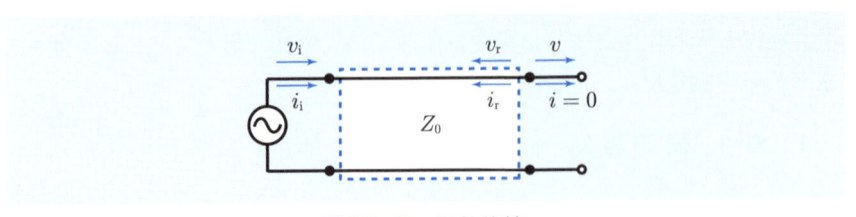

図11.9 開放終端

11.6.3 整合終端

いま，図11.10のように回路の終端に回路のインピーダンスと同じ Z_0 が接続されているとする．つまり負荷のインピーダンス $Z_1 = Z_0$ となる．この状態を**整合終端**とよぶ．電圧反射係数は

$$\frac{v_r}{v_i} = \frac{Z_1 - Z_0}{Z_1 + Z_0}$$
$$= 0 \tag{11.54}$$

電流反射係数は

$$\frac{i_r}{i_i} = \frac{-Z_1 + Z_0}{Z_1 + Z_0}$$
$$= 0 \tag{11.55}$$

となる．つまり，この場合も回路の入射波が全く戻らないことを意味する．つまり，すべて出力側に入射波が透過することを意味する（完全透過）．

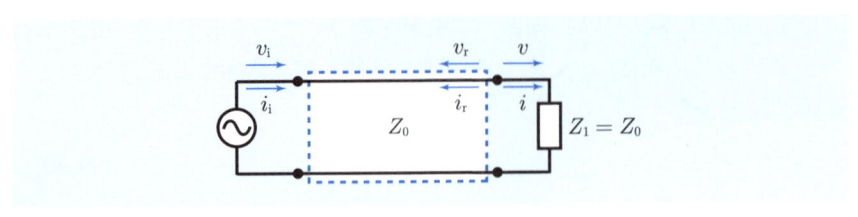

図11.10 整合終端

11章の問題

11.1 無損失線路がある．この線路の単位長さ当たりのインダクタンス $l = 0.5$ [H] のとき，位相速度 $u = 2 \times 10^4$ [m·s^{-1}] であった．このときの単位長さ当たりのキャパシタンスを求めよ．

11.2 平行導体がある．導体半径が 1 mm，導体間距離が 10 cm のとき，この平行導体の位相速度と特性インピーダンスを求めよ．

11.3 特性インピーダンス $Z_0 = 10$ [Ω] の線路の終端を Z_1 の負荷で接続する．
(1) 電圧反射係数が $\frac{1}{2}$ のとき，Z_1 を求めよ．
(2) 電流反射係数が $\frac{1}{2}$ のとき，Z_1 を求めよ．

11.4 特性インピーダンス $Z_0 = 5$ [Ω] の線路の終端を $Z_1 = 3 + j4$ [Ω] の負荷で接続する．
(1) 電圧反射係数を求めよ．
(2) 電流反射係数を求めよ．
(3) 完全透過にするためには Z_1 がどうなればよいか答えよ．

問題解答

1章

■ **1.1** (1) まず，2Ωと3Ωの並列接続部分の合成抵抗は

$$\tfrac{1}{2} + \tfrac{1}{3} = \tfrac{5}{6}$$

となるので，その逆数の $\tfrac{6}{5}$．これと4Ωの直列接続の合成抵抗は

$$\tfrac{6}{5} + 4 = \tfrac{26}{5}$$

これと3Ωの並列接続の合成抵抗なので

$$\tfrac{5}{26} + \tfrac{1}{3} = \tfrac{41}{78}$$

より，全合成抵抗は $\tfrac{78}{41}$ Ω．

(2) 答えは $\tfrac{11}{15}R$ となる．各自で導出せよ．

■ **1.2** 抵抗の大きさは長さに比例し，断面積に反比例する．よって，長さが2倍，断面性が4倍なのでもとの抵抗を R とすると新しい抵抗値 R' は

$$R' = R \times 2 \times \tfrac{1}{4} = \tfrac{1}{2}R$$

つまり $\tfrac{1}{2}$ 倍となる．

■ **1.3** 平行平板のコンデンサのキャパシタンスは

$$C = \tfrac{\varepsilon S}{d}$$

である．よって，キャパシタンスを4倍にするには，表面積を4倍，もしくは電極間距離を $\tfrac{1}{4}$ 倍にすればよい．

■ **1.4** コイルが直列に接続されている場合の合成インダクタンスはそれぞれのコイルのインダクタンスの和，並列に接続されている場合の合成インダクタンスはそれぞれのインダクタンスの逆数の和が合成インダクタンスの逆数になる．
問題の**図4**の回路は直列と並列接続が混在しているので，まず並列部（5 mHと10 mH）の合成インダクタンスを求めると

$$\tfrac{1}{5} + \tfrac{1}{10} = \tfrac{3}{10}\,[\mathrm{mH}]$$

よって，並列接続部の合成インダクタンスはその逆数で $\tfrac{10}{3}$．これと1 mHの直列接続になるので

$$1 + \tfrac{10}{3} = \tfrac{13}{3}\,[\mathrm{mH}]$$

■ **1.5** キャパシタンスの場合はインダクタンスと逆に並列接続が各キャパシタンスの和，直列接続が逆数の和が合成キャパシタンスの逆数となる．同様に計算して，並列接続部が

$$3+3=6$$

これと $1\,\mu\mathrm{F}$ の直列接続なので

$$\tfrac{1}{1}+\tfrac{1}{6}=\tfrac{7}{6}$$

よって，合成キャパシタンスはその逆数 $\tfrac{6}{7}\,\mu\mathrm{F}$ となる．

■ **1.6** コイルに電流が流れている場合のエネルギーは

$$\begin{aligned}W&=\tfrac{1}{2}LI^2\\&=\tfrac{7\times 10^{-3}\times 2^2}{2}=1.4\times 10^{-2}\,[\mathrm{J}]\end{aligned}$$

■ **1.7** コンデンサに電荷が蓄えられている場合のエネルギーは

$$\begin{aligned}W&=\tfrac{1}{2}CV^2\\&=\tfrac{5\times 10^{-6}\times 10^2}{2}=2.5\times 10^{-4}\,[\mathrm{J}]\end{aligned}$$

2章

■ **2.1** キルヒホフの第一法則より，回路の接点に流れ込む電流の総和と流れ出る電流の総和は等しい．いま流れ込んでいる電流の総和は

$$2+1+3=6\,[\mathrm{A}]$$

であるので，流れ出る電流も $6\,\mathrm{A}$ となる．

■ **2.2** キルヒホフの第二法則より

$$10-2\times 6-3\times 3+1\times 5+2R_4-4=0$$
$$2R_4=10$$
$$R_4=5\,[\Omega]$$

■ **2.3** (1) キルヒホフの法則を用いて解く．キルヒホフの第二法則を用いる．図のループ①について

$$9-4+4I_2-3I_1=0$$

図のループ②について

$$4-4I_2-2I_4=0$$

図のループ③について

$$-11-6I_3+2I_4=0$$

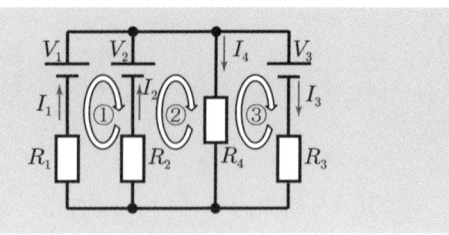

また，キルヒホフの第一法則から

$$I_1 + I_2 = I_3 + I_4$$

これらの式を解くと

$$I_1 = \tfrac{13}{9}, \qquad I_2 = -\tfrac{1}{6},$$
$$I_3 = -\tfrac{19}{18}, \qquad I_4 = \tfrac{7}{3} \text{ [A]}$$

となる．ここで I_2 と I_3 の符号がマイナスになっているが，これは図で示した方向と電流の流れている方向が逆であるということを意味している．

(2) 重ね合わせの理と (3) 鳳-テブナンの定理については例題 2.3 を参考に答えが一致するか各自確認せよ．

■ **2.4** 問題の**図3**のブリッジ回路の平衡条件は

$$R_1 R_3 = R_2 R_4$$

である．よって

$$R_4 = \frac{R_1 R_3}{R_2} = \frac{4 \times 2}{4} = 2 \text{ [}\Omega\text{]}$$

3章

■ **3.1** コイルの誘導リアクタンスは $\omega L = 2\pi f L$ であるので

$$2\pi \times 10^3 \times 4 \times 10^{-3} = 8\pi \text{ [}\Omega\text{]}$$

となる．

■ **3.2** コンデンサの容量リアクタンスは $\frac{1}{\omega C} = \frac{1}{2\pi f C}$ であるので

$$\frac{1}{2\pi \times 10 \times 10^3 \times 100 \times 10^{-6}} = \frac{1}{2\pi} \text{[}\Omega\text{]}$$

となる．

■ **3.3** (1) 電圧と電流の位相差はコイルやコンデンサによって発生する．よって，コンデンサによる電流の位相の進みをコイルでキャンセルすればよい．よって

$$\omega L = \frac{1}{\omega C}$$

問題解答

$\omega = 2\pi f = 2\pi \times 10^3$ であるので
$$L = \frac{1}{\omega^2 C}$$
$$= \frac{1}{(2\pi \times 10^3)^2 \times 500 \times 10^{-6}}$$
$$= \frac{5}{\pi^2} \times 10^{-4} \text{ [H]}$$

(2) 先ほどと同様に $\omega L = \frac{1}{\omega C}$ が成立すればよい．今回は ω が変数であるので
$$\omega = \frac{1}{\sqrt{LC}}$$
$$= \frac{1}{\sqrt{0.2 \times 500 \times 10^{-6}}}$$
$$= \frac{1}{10^{-2}} \text{ [rad/s]}$$

■ **3.4** (1) コイルのインピーダンスは ωL なので

$$2\pi \times 100 \times 3 \times 10^{-3} = 6\pi \times 10^{-1}$$

よって，図のようなフェーザ表示になる．

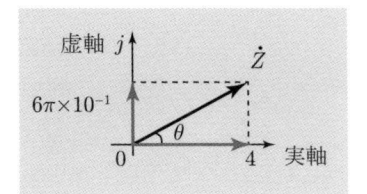

(2) 電源周波数によってインピーダンスが変わるのはコイルである．よって，抵抗を表す実部は変化せず，周波数が3倍になれば虚軸の成分も3倍，3分の1になれば3分の1になる．

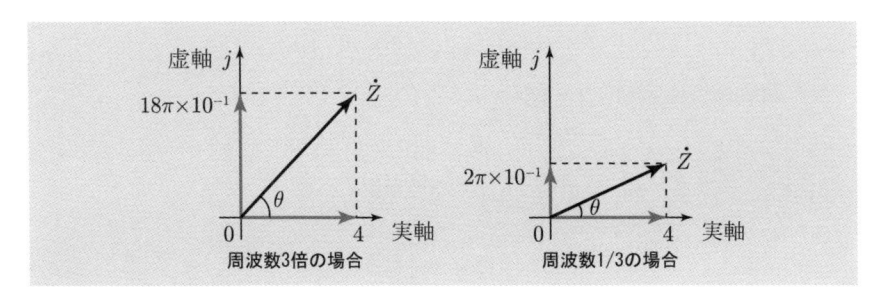

(3) 負荷のインピーダンス $Z = 4 + j3$ となる．インピーダンスの大きさ $|Z| = \sqrt{4^2 + 3^2} = 5$．よって，電流 i は

$$i = \frac{10}{5}\sin(1000t - \theta) \text{ [A]}$$

ただし，$\theta = \cos^{-1}\frac{4}{5}$ となる．

■ **3.5** キルヒホフの第一法則より
$$I_1 + I_2 = 4 + 3 + j(4 + 3) = 7 + j7$$

となる．この電流が流れ込んでいるので $I_3 = 7 + j7$ が流れ出ていることになる．

■ **3.6** 問題の図1の交流ブリッジ回路の平衡条件は $\dot{Z}_1\dot{Z}_3 = \dot{Z}_2\dot{Z}_4$ である．
(1) 電源角周波数が ω のときのコイルのインピーダンスは ωL なので，$Z_2 = R_2 + j\omega L_2$，$Z_3 = R_3 + j\omega L_3$ である．平衡条件より

$$R_1(R_3 + j\omega L_3) = (R_2 + j\omega L_2)R_4$$
$$R_1 R_3 + j\omega R_1 L_3 = R_2 R_4 + j\omega R_4 L_2$$

実部と虚部が等しくなる必要があるので，$R_1 R_3 = R_2 R_4$ かつ $R_1 L_3 = R_4 L_2$ が平衡条件となる．

(2) 同様にコンデンサのインピーダンスは $-j\frac{1}{\omega C}$ である．平衡条件より

$$R_1(R_3 - j\frac{1}{\omega C_3}) = (R_2 - j\frac{1}{\omega C_2})R_4$$
$$R_1 R_3 - j\frac{R_1}{\omega C_3} = R_2 R_4 - j\frac{R_4}{\omega C_2}$$

実部と虚部が等しくなる必要があるので，$R_1 R_3 = R_2 R_4$ かつ $\frac{R_1}{C_3} = \frac{R_4}{C_2}$ が平衡条件となる．

4章

■ **4.1** (1) 共振の条件は $\omega = \frac{1}{\sqrt{LC}}$ である．よって

$$C = \frac{1}{L\omega^2}$$
$$= \frac{1}{0.2 \times 5000^2} = 2 \times 10^{-7} \text{ [F]}$$

(2) 共振時には抵抗にのみ電流が流れることになる．よって

$$R = \frac{10}{0.1}$$
$$= 100 \text{ [}\Omega\text{]}$$

(3) $Q = \frac{\omega L}{R}$ であるので

$$Q = \frac{5000 \times 0.2}{100}$$
$$= 10$$

(4) $V_L = V_C$
$= QV_R$
$= 10 \times 10 = 100$

(5) $Q = \frac{\omega L}{R}$ であるので，R が10倍になれば Q 値は $\frac{1}{10}$ になる．

■ **4.2** (1) R-L 直列回路の合成インピーダンスは $R + j\omega L$ である．よって，コンデンサ C との並列接続であり，アドミタンス Y はインピーダンスの逆数の和となるので

問 題 解 答   **199**

$$Y = \frac{1}{R+j\omega L} + j\omega C = \frac{R-j\omega L}{R^2+(\omega L)^2} + j\omega C$$
$$= \frac{R}{R^2+(\omega L)^2} + j\omega\{\frac{-L}{R^2+(\omega L)^2} + C\}$$

(2) アドミタンスの中のサセプタンス成分がゼロになればよいので

$$\frac{-L}{R^2+(\omega L)^2} + C = 0$$
$$\omega = \sqrt{\frac{1}{LC} - \frac{R^2}{L^2}}$$

5章

5.1 (1) 負荷抵抗 R に流れる電流 i は

$$i = \frac{V_\mathrm{m}}{R}\sin\omega t$$

電圧との位相差はゼロである．よって，力率 $\cos\theta = \cos 0 = 1$. 有効電力 $P_\mathrm{a} = \frac{V_\mathrm{m}^2}{2R}\cos 0 = \frac{V_\mathrm{m}^2}{2R}$. 無効電力 $Q = \frac{V_\mathrm{m}^2}{2R}\sin 0 = 0$. 皮相電力 $P = \sqrt{P_\mathrm{a}^2 + Q^2} = P_\mathrm{a} = \frac{V_\mathrm{m}^2}{2R}$.

(2) 負荷 L に流れる電流 i は

$$i = \frac{V_\mathrm{m}}{\omega L}\sin(\omega t - \frac{\pi}{2})$$

位相差は電圧に対して $\frac{\pi}{2}$ 遅れる．よって，力率 $\cos\theta = \cos\frac{\pi}{2} = 0$. 有効電力 $P_\mathrm{a} = \frac{V_\mathrm{m}^2}{2\omega L}\cos\frac{\pi}{2} = 0$. 無効電力 $Q = \frac{V_\mathrm{m}^2}{2\omega L}\sin\frac{\pi}{2} = \frac{V_\mathrm{m}^2}{2\omega L}$. 皮相電力 $P = \sqrt{P_\mathrm{a}^2 + Q^2} = Q = \frac{V_\mathrm{m}^2}{\omega L}$. つまり電力は無効電力のみとなる．

(3) 負荷 C に流れる電流 i は

$$i = V_\mathrm{m}\omega C\sin(\omega t + \frac{\pi}{2})$$

位相差は電圧に対して $\frac{\pi}{2}$ 進む．よって，力率 $\cos\theta = \cos\frac{\pi}{2} = 0$. 有効電力 $P_\mathrm{a} = \frac{V_\mathrm{m}^2}{2}\omega C\cos\frac{\pi}{2} = 0$. 無効電力 $Q = \frac{V_\mathrm{m}^2}{2}\omega C\sin\frac{\pi}{2} = \frac{V_\mathrm{m}^2}{2}\omega C$. 皮相電力 $P = \sqrt{P_\mathrm{a}^2 + Q^2} = Q = V_\mathrm{m}^2 \omega C$. つまり電力は負荷 L の場合と同じく無効電力のみである．

5.2 (1) まず，負荷のインピーダンス Z を求める．

$$Z = R + j\omega L$$
$$= 2 + j2000\sqrt{3} \times 10^{-3}$$
$$|Z| = \sqrt{2^2 + (2\sqrt{3})^2}$$
$$= 4$$

力率 $\cos\theta = \frac{2}{4} = \frac{1}{2}$ となる．有効電力 $P_\mathrm{a} = \frac{V_\mathrm{m}^2}{2|Z|}\cos\theta = \frac{V_\mathrm{m}^2}{2\times 4}\frac{1}{2} = \frac{V_\mathrm{m}^2}{16}$. 無効電力 $Q = \frac{V_\mathrm{m}^2}{2|Z|}\sin\theta = \frac{V_\mathrm{m}^2}{2\times 4}\frac{\sqrt{3}}{2} = \frac{\sqrt{3}V_\mathrm{m}^2}{16}$. 皮相電力 $P = \sqrt{P_\mathrm{a}^2 + Q^2} = \frac{V_\mathrm{m}^2}{8}$.

(2) 負荷の力率を 1 にするためにはコンデンサを直列に入れて，コイルによるリアクタンスをキャンセルすればよい．つまり $\omega L = \frac{1}{\omega C}$ とすればよいので

$$C = \frac{1}{\omega^2 L} = \frac{1}{2000^2 \times \sqrt{3} \times 10^{-3}}$$
$$= \frac{1}{4\sqrt{3}} \times 10^{-3} \text{ [F]}$$

のキャパシタンスを持つコンデンサを直列接続すればよい．

6章

■ **6.1** R-L 直列回路の時定数は $\tau = \frac{L}{R}$ であるので

$$\frac{0.1}{3} = 0.033$$

となる．

■ **6.2** R-C 直列回路の時定数は $\tau = CR$ であるので

$$2 \times 50 \times 10^{-6} = 10^{-4}$$

となる．

■ **6.3** R-L-C 直列回路の電流は回路方程式から導かれる特性方程式が，実解を持つか複素解を持つかによって性質が変わる．ここでは電流が振動しない条件を求めるので，特性方程式が実解を持てばよい．先に学んだように回路方程式を微分すると

$$l\frac{d^2 i}{dt^2} + r\frac{di}{dt} + \frac{1}{c}i = 0$$

が得られる．この式の特性方程式は

$$s^2 l + sr + \frac{1}{c} = 0$$

であるので，この方程式の判別式の値がゼロ以上であればよい．よって

$$r^2 - \frac{4l}{c} \geq 0$$

が電流が振動しない条件となる．

■ **6.4** コイルには最初 $L\frac{di}{dt}$ によって電流が流れるのが妨げられる．よって，電流の多くは抵抗に流れる．しかし，コイルに十分に電流が流れるとコイルのインピーダンスがゼロになるため，電流は抵抗に流れず，コイルのみに流れる．

■ **6.5** まず，コンデンサに電荷が蓄えられるまで電流が流れる．よって，抵抗にはほとんど電流が流れない．その後コンデンサに電荷が十分に蓄えられるとコンデンサの電圧が電源電圧と等しくなるため，コンデンサに電流が流れず，すべての電流が抵抗に流れる．

■ **6.6** この回路は基本的に R-L 直列回路であるので,回路方程式は

$$L\frac{di}{dt} + Ri = 0.3\frac{di}{dt} + 10i = V = 10$$

となる.この方程式の一般解は

$$i = ke^{-(10/0.3)t} + \frac{10}{10}$$
$$= ke^{-(100/3)t} + 1$$

ここで定数 k を求めるために回路の初期値を求める.回路はスイッチを入れる直前まで 5 V の電源に接続され定常状態となっていた.したがって $i(0) = \frac{5}{10} = \frac{1}{2}$ となる.先の式に代入して

$$i(0) = ke^{-(100/3)0} + 1 = \frac{1}{2}$$

よって,$k = -\frac{1}{2}$ を得ることになり,一般解は

$$i = -\frac{1}{2}e^{-(100/3)t} + 1$$

となる.

7章

■ **7.1** (1) $\mathcal{L}[3t - 5] = \frac{3}{s^2} - \frac{5}{s}$
(2) $\mathcal{L}[(t-4)^2] = \mathcal{L}[t^2 - 8t + 16]$
$\qquad\qquad\qquad = \frac{2}{s^3} - \frac{8}{s^2} + \frac{16}{s}$
(3) $\mathcal{L}[5(\sin\omega t + \theta)] = \mathcal{L}[5(\sin\omega t\cos\theta + \cos\omega t\sin\theta)]$
$\qquad\qquad\qquad\qquad = 5(\cos\theta\mathcal{L}[\sin\omega t] + \sin\theta\mathcal{L}[\cos\omega t])$
(4) $\mathcal{L}[2\sin^2\omega t] = 2\mathcal{L}[1 - \cos^2\omega t]$

■ **7.2** (1) $\mathcal{L}^{-1}[\frac{1}{s+5}] = e^{-5t}$
(2) $\mathcal{L}^{-1}[\frac{1}{(s-2)(s+5)}] = \frac{1}{7}\mathcal{L}^{-1}[\frac{1}{s-2} - \frac{1}{s+5}]$
$\qquad\qquad\qquad\qquad = \frac{1}{7}(e^{2t} - e^{-5t})$
(3) $\mathcal{L}^{-1}[\frac{6}{s^2+6^2} \cdot \frac{1}{3}] = \frac{1}{3}\cos 6t$

■ **7.3** (1) スイッチを切り替える前は

$$V = R_1 i + L\frac{di}{dt}$$

定常状態では $\frac{di}{dt} = 0$ であるので,$V = iR_1$ となる.
スイッチを切り替えた後は

$$R_1 i + R_2 i + l\frac{di}{dt} = 0$$

(2) $(R_1+R_2)I+sLI-LI(0)=0$
ここで (1) より初期電流 $I(0)=\frac{V}{R_1}$ となる．
(3) (2) より
$$I=\frac{LI(0)}{sL+R_1+R_2}$$
$$=\frac{LV}{R_1}\frac{1}{sL+R_1+R_2}$$
$$=\frac{V}{R_1}\frac{1}{s+\frac{R_1+R_2}{L}}$$

逆ラプラス変換して
$$i=\frac{V}{R_1}e^{-(R_1+R_2)/L}$$

■ **7.4** (1) 電流ループ i_1 について
$$V=\tfrac{1}{C}\int i_1 dt+i_1 R_1$$

電流ループ i_2 について
$$V=i_2 R_2$$

(2) 電流ループ i_1 について
$$\tfrac{V}{s}=\tfrac{1}{sC}I_1+R_1 I_1$$

より
$$I_1=\tfrac{V}{s}\frac{1}{\frac{1}{sC}+R_1}$$
$$=\tfrac{V}{R_1}\frac{1}{s+\frac{1}{CR_1}}$$

電流ループ i_2 について
$$\tfrac{V}{s}=R_2 I_2$$

より
$$I_2=\tfrac{V}{sR_2}$$

(3) 電流ループ I_1 について逆ラプラス変換して
$$i_1=\tfrac{V}{R_1}e^{-(1/R_1 C)t}$$

電流ループ I_2 について逆ラプラス変換して
$$i_2=\tfrac{V}{R_2}$$

よって，回路から出る電流は
$$i_1+i_2=\tfrac{V}{R_1}e^{-(1/R_1 C)t}+\tfrac{V}{R_2}$$

8章

■ **8.1** $k = \frac{M}{\sqrt{L_1 L_2}}$
なので
$$M = k\sqrt{L_1 L_2} = 0.7\sqrt{5 \times 10^{-3} \cdot 45 \times 10^{-3}}$$
$$= 10.5 \times 10^{-3}\,[\text{H}]$$

■ **8.2** $\frac{v_1}{v_2} = \frac{N_1}{N_2}$ であるので
$$v_2 = \frac{v_1 N_2}{N_1}$$
$$= \frac{10 \cdot 100}{10} = 100\,[\text{V}]$$

■ **8.3** (1) 図のようになる.

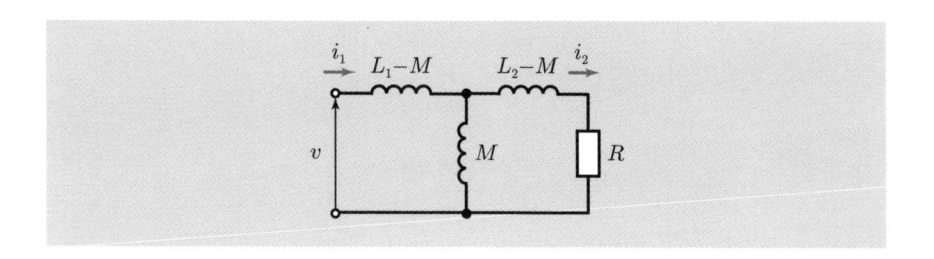

(2) 図のように電流 i_1, i_2 を決める.
回路全体のインピーダンスを求める.まず,$L_2 - M$ と R の直列接続部の合成インピーダンス Z_1 は $j\omega(L_2 - M) + R$ となる.さらに Z_1 と M の合成インピーダンス Z_2 は
$$\tfrac{1}{Z_2} = \tfrac{1}{Z_1} + \tfrac{1}{j\omega M}$$
より
$$Z_2 = \tfrac{j\omega M Z_1}{Z_1 + j\omega M}$$
よって,全体の合成インピーダンス Z は
$$Z = j\omega(L_1 - M) + \tfrac{j\omega M Z_1}{Z_1 + j\omega M}$$
よって,抵抗に流れる電流 i_2 は回路に流れる電流 i に対して
$$i_2 = \tfrac{j\omega M}{Z_1 + j\omega M} i$$
$i = \frac{v}{Z}$ なので
$$i_2 = \tfrac{j\omega M}{\omega^2 M^2 - \omega^2 L_1 L_2 + j\omega L_1 R} = \tfrac{\omega^2 M L_1 R + j\omega^3 M(M^2 - L_1 L_2)}{\omega^4(M^2 - L_1 L_2)^2 + (\omega L_1 R)^2}\,[\text{A}]$$

9章

■ **9.1** 線間電圧に対して Δ 結線した場合の相電圧は $\sqrt{3}$ 倍になるので，$100\sqrt{3}$ となる．

■ **9.2** 線電流の大きさは相電流の大きさの $\sqrt{3}$ 倍になる．負荷に流れるのは相電流なので，$\frac{100}{\sqrt{3}}$ となる．

■ **9.3** Δ 結線された負荷には線間電圧が加わる．Y 結線された相電圧に対して，位相は $\frac{\pi}{6}$ 遅れる．いま，負荷は抵抗負荷であるので，負荷による電流の位相のずれは発生せず，線間電圧と負荷に流れる電流の位相は一致する．よって，位相は $\frac{\pi}{6}$ 遅れる．

■ **9.4** (1) 抵抗が $5\sqrt{3}$，リアクタンスが 5 であるので負荷 Z の大きさは

$$\sqrt{(5\sqrt{3})^2 + 5^2} = \sqrt{100}$$
$$= 10\,[\Omega]$$

力率は

$$\cos\theta = \frac{5\sqrt{3}}{10}$$
$$= \frac{\sqrt{3}}{2}$$

(2) 前問 (1) より力率角 $\theta = \frac{\pi}{6}$．よって，電流 i は

$$i = \frac{100}{10}\sin 120(t - \frac{\pi}{6})$$
$$= 10\sin 120(t - \frac{\pi}{6})\,[\text{A}]$$

(3) Y 負荷で消費される電力は

$$P = \frac{3}{2}V_\text{m}I_\text{m}\cos\theta$$

なので

$$P = \frac{3}{2} \times \frac{100\times 10}{2} \times \frac{\sqrt{3}}{2}$$
$$= 375\sqrt{3}\,[\text{W}]$$

(4) 負荷に加わる電圧は $\sqrt{3}$ 倍になるので，電力は前問 (3) で得られた値の 3 倍となる．

10章

■ **10.1** (1) Z 行列は

$$\begin{pmatrix} Z & 0 \\ 0 & Z \end{pmatrix}$$

となる．

(2) Y 行列は

$$\begin{pmatrix} \frac{1}{Z} & 0 \\ 0 & \frac{1}{Z} \end{pmatrix}$$

となる.

■ **10.2** (1) Z 行列は

$$\begin{pmatrix} \frac{Y_a+Y_b}{2Y_1Y_2} & \frac{Y_a-Y_b}{2Y_1Y_2} \\ \frac{Y_a-Y_b}{2Y_1Y_2} & \frac{Y_a+Y_b}{2Y_1Y_2} \end{pmatrix}$$

となる.

(2) Y 行列は

$$\begin{pmatrix} \frac{Y_a+Y_b}{2} & -\frac{Y_a-Y_b}{2} \\ -\frac{Y_a-Y_b}{2} & \frac{Y_a+Y_b}{2} \end{pmatrix}$$

となる.

■ **10.3** F 行列は

$$\begin{pmatrix} 1+\frac{Z_a}{Z_c} & Z_a \\ \frac{Z_a+Z_b+Z_c}{Z_bZ_c} & 1+\frac{Z_a}{Z_b} \end{pmatrix}$$

となる.

11章

■ **11.1** 伝搬速度 $u = \frac{1}{\sqrt{lc}}$ である. u と l に与えられた値を代入すると

$$c = 5 \times 10^{-9} \, [\text{F}]$$

を得る.

■ **11.2** 平行導体の位相速度は導体の半径, 導体間距離にかかわらず

$$u = \frac{1}{\mu\varepsilon}$$

となる. また, 特性インピーダンスは

$$Z = \sqrt{\frac{l}{c}}$$
$$= \frac{1}{\pi}\sqrt{\frac{\mu}{\varepsilon}}\ln\frac{100}{1} \approx 14.5\sqrt{\frac{\mu}{\varepsilon}} \, [\Omega]$$

■ **11.3** (1) 電圧反射係数は

$$\frac{v_r}{v_i} = \frac{Z_1-Z_0}{Z_1+Z_0} = \frac{1}{2}$$

$Z_0 = 10 \, [\Omega]$ を代入すると

$$Z_1 = 30 \, [\Omega]$$

を得る.

(2) 電流反射係数は

$$\frac{i_\mathrm{r}}{i_\mathrm{i}} = \frac{-Z_1+Z_0}{Z_1+Z_0}$$
$$= \frac{1}{2}$$

$Z_0 = 10\,[\Omega]$ を代入すると

$$Z_1 = \frac{10}{3}\,[\Omega]$$

を得る.

■ **11.4** (1) 電圧反射係数は

$$\frac{v_\mathrm{r}}{v_\mathrm{i}} = \frac{Z_1-Z_0}{Z_1+Z_0}$$
$$= \frac{3+j4-5}{3+j4+5}$$
$$= \frac{-2+j4}{8+j4}$$
$$= j\frac{1}{2}$$

(2) 電流反射係数は

$$\frac{i_\mathrm{r}}{i_\mathrm{i}} = \frac{-Z_1+Z_0}{Z_1+Z_0}$$
$$= -j\frac{1}{2}$$

(3) 完全透過の条件は $Z_1 = Z_0$ であるので

$$Z_1 = 5\,[\Omega]$$

となる.

参考文献

[1] 柴田尚志,『電気回路Ⅰ 電気・電子系教科書シリーズ』, コロナ社（2006）
[2] 遠藤勲, 鈴木靖,『電気回路Ⅱ 電気・電子系教科書シリーズ』, コロナ社（1999）
[3] 小澤孝夫,『電気回路Ⅰ ―基礎・交流編―』, 昭晃堂（1978）
[4] 小澤孝夫,『電気回路Ⅱ ―過渡現象・伝送回路編―』, 昭晃堂（1980）
[5] 松瀬貢規, 磯田八郎, 荒隆裕,『基礎電気回路 〈上〉』, オーム社（2004）
[6] 松瀬貢規, 土屋一雄, 荒隆裕,『基礎電気回路 〈下〉』, オーム社（2004）
[7] 吉野純一, 高橋孝,『電気回路の基礎と演習』, コロナ社（2005）
[8] 吉野純一, 高橋孝, 大杉功, 米盛弘信,『続 電気回路の基礎と演習（三相交流・回路網・過渡現象編）』, コロナ社（2005）
[9] 髙田和之, 坂貴, 井上茂樹, 愛知久史,『電気回路の基礎と演習 （第2版)』, 森北出版（2005）
[10] 山口作太郎,『電気回路Ⅰ 新インターユニバーシティ』, オーム社（2010）
[11] 佐藤義久,『電気回路Ⅱ 新インターユニバーシティ』, オーム社（2010）
[12] 服藤憲司,『例題と演習で学ぶ電気回路』, 森北出版（2011）
[13] 佐藤義久,『電気回路基礎 新インターユニバーシティ』, オーム社（2010）
[14] 中村福三, 千葉明,『電気回路基礎論』, 朝倉書店（1999）
[15] 曽根悟, 檀良,『電気回路の基礎』, 昭晃堂（1986）
[16] 仁田旦三,『電気工学通論』, 数理工学社（2005）

索　引

あ行

アース　135
アドミタンス　47
アドミタンス行列　150, 156
アドミタンスパラメータ　156

位相　36
位相差　36
位相速度　185
一次近似　181
一次元の波動方程式　185
一端子対回路　148
一般解　85
インダクタンス　9
インピーダンス　47
インピーダンス行列　150, 151
インピーダンスパラメータ　151

s 関数　101
F 行列　161
F パラメータ　161

オイラーの公式　40
応答　148
オームの法則　3

か行

回転子　132
開放終端　191
過減衰　91
重ね合わせの理　20
過渡現象　83
完全透過　191
完全反射　191

基本行列　150, 161
キャパシタンス　12
Q 値　66
共振曲線　66
共振周波数　65
共振状態　52, 57
強磁性体　128
極座標表示　37
キルヒホフの第一法則　18
キルヒホフの第二法則　19
キルヒホフの法則　18
逆ラプラス変換　101, 102

駆動点アドミタンス　148
駆動点インピーダンス　148

結合係数　127
減衰振動　94

索　引

コイル　2
交流回路　2
交流ブリッジ回路の平衡条件　60
固定子　132
コンダクタンス　47
コンデンサ　2
合成インダクタンス　10
合成キャパシタンス　14
合成抵抗　4
合成リアクタンス　64

さ 行

サセプタンス　47
三角結線　135
三相交流　131
三相交流発電機　132

集中定数回路　179, 180
出力アドミタンス　157
出力インピーダンス　152
瞬時電力　74
磁気飽和　129
自己インダクタンス　9
自己誘導　9
実効値　35
時定数　85
ジュール熱　3

スター結線　135
ステップ関数　107

正弦波交流　34
整合終端　192
静電容量　12
接地　135
線間電圧　137
線電流　139
Z 行列　151

相互インダクタンス　122
相互誘導　121

相互誘導回路　121, 123
相電圧　137
相電流　139

た 行

対称三相交流　132
単相交流回路　131
短絡終端　191
ダランベールの解　185

中性点　135
超電導　14
直流回路　2
直列共振　52, 65

T 型回路　155
t 関数　101
T 型等価回路　126
抵抗　2
抵抗の合成　4
抵抗率　3
定常状態　83
Δ 結線　135
電圧伝送係数　161
電圧透過係数　190
電圧反射係数　190
電気回路　2
電気抵抗の温度変化率　7
電源　2
電信方程式　184
伝達アドミタンス　156
伝達インピーダンス　151
電流増幅率　167
電流伝送係数　162
電流透過係数　190
電流反射係数　190

透磁率　128
特性インピーダンス　186
特性方程式　84
特解　85

導電率　3

な 行

二端子対回路　147
入射電圧波　189
入射波　189
入力アドミタンス　156
入力インピーダンス　151

は 行

配線　2
ハイブリッド行列　150, 166
反射電圧波　189
反射波　189
π型回路　160

ひずみゲージ　30
皮相電力　78
表皮効果　7

フェーザ　37
フェーザ表示　37
負荷　2
複素数表示　38
部分積分　105
部分分数分解　109
ブリッジ回路　28, 60
ブリッジ回路の平衡条件　29
ブリッジ回路の平衡状態　28, 60
分布定数回路　180
分布定数回路　179

平均値　34

並列共振　57

ホイートストンブリッジ回路　29
鳳-テブナンの定理　22
星型　135

ま 行

無効電力　75
無損失線路　185

や 行

有効電力　74
誘電率　12
誘導起電力　8
誘導リアクタンス　43

容量リアクタンス　45
余関数　84
四端子回路　147

ら 行

ラプラス変換　101, 102

力率　78
力率角　78
臨界減衰　93

励振　148

わ 行

Y 行列　156
Y 結線　135

著者略歴

大橋　俊介（おお　はし　しゅん　すけ）

1988 年　大阪府立天王寺高等学校卒業
1992 年　東京大学工学部電気工学科卒業
1994 年　東京大学大学院工学系研究科修士課程修了
1997 年　東京大学大学院工学系研究科博士課程修了　博士（工学）
同　年　関西大学工学部電気工学科助手
2011 年　関西大学システム理工学部電気電子情報工学科　教授

電気・電子工学ライブラリ＝UKE-A3
電 気 回 路

2012 年 10 月 10 日 ⓒ　　　　　　　　　初 版 発 行
2021 年 2 月 25 日　　　　　　　　　　初版第5刷発行

著者　大橋　俊介　　　　　発行者　矢沢和俊
　　　　　　　　　　　　　印刷者　杉井康之
　　　　　　　　　　　　　製本者　小西惠介

【発行】　　　株式会社　数理工学社
〒151-0051　東京都渋谷区千駄ヶ谷 1 丁目 3 番 25 号
編集 ☎(03)5474-8661（代）　　サイエンスビル

【発売】　　　株式会社　サイエンス社
〒151-0051　東京都渋谷区千駄ヶ谷 1 丁目 3 番 25 号
営業 ☎(03)5474-8500（代）　振替 00170-7-2387
FAX ☎(03)5474-8900

印刷　（株）ディグ　　　製本　ブックアート
《検印省略》

本書の内容を無断で複写複製することは，著作者および出版者
の権利を侵害することがありますので，その場合にはあらかじ
め小社あて許諾をお求め下さい．

ISBN978-4-901683-94-4
PRINTED IN JAPAN

サイエンス社・数理工学社の
ホームページのご案内
http://www.saiensu.co.jp
ご意見・ご要望は
suuri@saiensu.co.jp　まで

━━━ 電気・電子工学ライブラリ ━━━

電気電子基礎数学
　　　川口・松瀨共著　　2色刷・A5・並製・本体2400円

電気磁気学の基礎
　　　湯本雅恵著　　2色刷・A5・並製・本体1900円

電気回路
　　　大橋俊介著　　2色刷・A5・並製・本体2200円

基礎電気電子計測
　　　信太克規著　　2色刷・A5・並製・本体1850円

応用電気電子計測
　　　信太克規著　　2色刷・A5・並製・本体2000円

ディジタル電子回路
　　　木村誠聡著　　2色刷・A5・並製・本体1900円

ハードウェア記述言語による
ディジタル回路設計の基礎
VHDLによる回路設計
　　　木村誠聡著　　2色刷・A5・並製・本体1950円

＊表示価格は全て税抜きです．

━━━ 発行・数理工学社／発売・サイエンス社 ━━━